Sylwester Przybylo

POUR RÉUSSIR

PHYSIQUE 534

Secondaire

L'essentiel de la matière
sous forme de questions et de réponses

TRÉCARRÉ

Mise en pages et typographie : Aleksander Przybylo
Réalisation des figures : Aleksander Przybylo
Conception de la couverture : Claude-Marc Bourget
Réalisation de la couverture : Cyclone Design Communications
Révision pédagogique : Luc Marquis

ISBN 2-89249-652-7

Dépôt légal – 1998
Bibliothèque nationale du Québec

Imprimé au Canada
2 3 4 5 02 01 00 99

TABLE DES MATIÈRES

INTRODUCTION

Ce livre s'adresse aux étudiants inscrits au cours de physique de cinquième secondaire. Présenté sous forme de questions-réponses, l'ouvrage fait le tour complet de la matière. Il est un complément essentiel pour une préparation sérieuse à l'examen de fin d'année du ministère de l'Éducation.

L'ouvrage est divisé en deux modules : phénomènes lumineux et phénomènes mécaniques. À l'intérieur de chaque module, tous les objectifs terminaux ont été identifiés. Chaque objectif terminal est ensuite subdivisé en objectifs intermédiaires.

Avant chaque question, nous vous indiquons entre parenthèses quel est l'objectif intermédiaire visé. Exemple : 19 (Obj. 3.3) indique que la question 19 se rapporte à l'objectif intermédiaire 3.3 du module en cours.

De plus, si la question provient d'un examen antérieur du ministère de l'Éducation, elle sera identifiée comme suit : 19. ^{E}(3.3), le « E » signifiant « examen ».

Si une question nécessite une démarche ou une explication particulière, nous proposons une *méthodologie* et une *solution*. Dans le cas contraire, nous donnons tout simplement la réponse.

À la fin du livre, vous trouverez un exemple d'examen de fin d'études secondaires du ministère de l'Éducation.

Les réponses à l'examen du Ministère se trouvent en annexe.

MODULE

I

PHÉNOMÈNES LUMINEUX

Ce module a pour but d'investiguer, à l'aide de la méthode scientifique, des phénomènes lumineux présents dans l'environnement afin de découvrir certains comportements de la lumière et de comprendre le fonctionnement d'appareils optiques.

1. **Le mode de propagation de la lumière**

2. **Les lois de la réflexion**

3. **Les lois de la réfraction**

4. **Les lentilles**

5. **Les images**

LE MODE DE PROPAGATION DE LA LUMIÈRE

Vous devez savoir démontrer le mode de propagation de la lumière à partir de phénomènes lumineux que vous avez observés dans votre environnement ou en laboratoire.

Objectifs intermédiaires	Contenus
1.1	Sources de la lumière et phénomènes lumineux
1.2	Comportement des faisceaux lumineux
1.3	Phénomènes d'ombre et de pénombre

1. (Obj. 1.1) Associez les types de sources lumineuses ci-dessous à leurs descriptions.

Type de source lumineuse

A) **Source incandescente**

B) **Source phosphorescente**

C) **Source fluorescente**

Description

1. **Un corps qui émet de la lumière pendant une certaine période de temps même si la source d'excitation est retirée**

2. **Un corps rendu lumineux par un chauffage intense**

3. **Un corps qui doit être excité constamment pour émettre de la lumière**

SOLUTION

- Une source de la lumière est dite **incandescente** lorsqu'elle est rendue lumineuse par un chauffage intense.
- Une source de la lumière est dite **phosphorescente** lorsqu'elle émet de la lumière pendant une certaine période de temps même si la source d'excitation est retirée.
- Une source de la lumière est dite **fluorescente** lorsqu'elle doit être excitée constamment pour émettre de la lumière.

RÉPONSE

A) et 2

B) et 1

C) et 3

2. (Obj. 1.1) Placez les exemples des sources lumineuses suivantes dans la colonne appropriée :

la flamme d'une bougie, la lampe fluorescente, l'ampoule d'Edison, le collant phosphorescent, l'étoile, l'écran d'un téléviseur, le cadran lumineux d'une montre, le feu de foyer.

Source incandescente	Source fluorescente	Source phosphorescente

SOLUTION

Conseil

Dans ce genre de question, dont le but est la division des éléments d'un ensemble en deux ou plusieurs groupes différents, il ne suffit pas de connaître les définitions mot à mot, il faut surtout se concentrer sur la différence qui existe entre elles. Le schéma ci-dessous vous aidera à mémoriser la définition de chaque type de source et surtout il vous aidera à les distinguer.

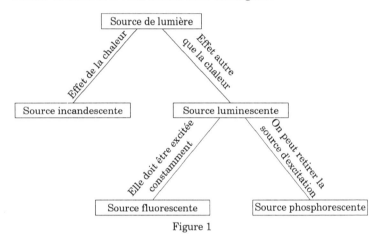

Figure 1

RÉPONSE

Source incandescente	Source fluorescente	Source phosphorescente
- la flamme de la bougie	- la lampe fluorescente	- le collant phosphorescent
- l'ampoule d'Edison	- l'écran d'un téléviseur	- le cadran lumineux d'une montre
- l'étoile		
- le feu de foyer		

3. (Obj. 1.2)

a) Identifiez le faisceau (F), le pinceau (P) et le rayon (R) lumineux sur le schéma ci-dessous.

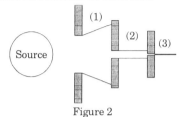

Figure 2

b) Associez les notions du faisceau (F), du pinceau (P) et du rayon (R) lumineux aux énoncés suivants :

A) La ligne représentant la lumière venant du soleil.

B) La lumière d'une lampe de poche.

C) La lumière des phares d'une voiture.

D) La lumière passant à travers le trou d'une serrure.

SOLUTION

- Un **rayon lumineux** est une ligne droite suivant laquelle la lumière se propage.
- Un **faisceau lumineux** est un ensemble de rayons lumineux.
- Un **pinceau lumineux** est un faisceau étroit de lumière.

RÉPONSE

a) 1 : F; 2 : P; 3 : R

b) A) : R; B) : F; C) : F; D) : P

4. ^E**(Obj. 1.2)** Soit le schéma suivant :

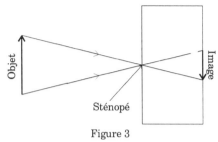

Figure 3

Quel comportement de la lumière permet d'expliquer le phénomène illustré ci-dessus?

A) Les angles d'incidence et de réflexion sont congrus.

B) La lumière se propage en ligne droite.

C) La lumière est déviée lorsqu'elle traverse une petite ouverture.

D) La lumière produit une image virtuelle.

RÉPONSE

B)

5. ^E**(Obj. 1.3)** Lorsqu'on étudie la formation d'ombre et de pénombre, on place un objet opaque entre une source lumineuse et un écran sur lequel les régions d'ombre et de pénombre sont observées.

Le schéma ci-dessous illustre cette façon de faire.

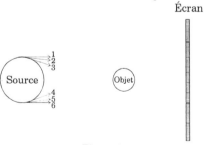

Figure 4

D'après ce schéma, quels sont les rayons lumineux qui délimitent la région d'ombre sur l'écran?

A) 1 et 6 seulement

B) 2 et 5 seulement

C) 3 et 4 seulement

D) 2, 3, 4 et 5 seulement

SOLUTION

La **zone d'ombre** est une zone qui ne reçoit aucune lumière (aucun rayon ne peut l'atteindre).

La **zone de clarté** reçoit toute la lumière provenant de la source (l'intensité lumineuse est maximale).

La **zone de pénombre** est une zone d'ombre partielle (une zone dans laquelle une partie seulement des rayons lumineux peut se rendre, l'autre partie étant coupée par l'obstacle).

Le schéma ci-dessous vous permettra de distinguer ces trois types de zones.

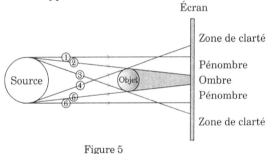

Figure 5

Pour répondre à cette question, vous devez prolonger les rayons 1 à 6. Seulement ceux qui sont tangents au cercle représentant l'objet délimitent la région d'ombre sur l'écran.

RÉPONSE

B)

6. (Obj. 1.3) Sur la figure 6 indiquez la région où l'éclipse de soleil est totale et celles où elle est partielle.

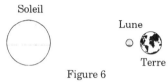

Figure 6

RÉPONSE

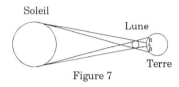

Figure 7

La région A - l'éclipse totale, car c'est la zone d'ombre.

La région B - l'éclipse partielle, car c'est la zone de pénombre.

7. (Obj. 1.3) Associez correctement les notions avec leurs descriptions.

Notions

1. L'absorption sélective
2. La réflexion
3. La réfraction
4. La dispersion
5. La diffraction
6. La diffusion

Descriptions

A) La déviation d'un faisceau lumineux lorsqu'il passe d'une substance à une autre de densité optique différente.

B) La dissémination de la lumière par de petites particules ou par un gaz.

C) L'inflexion de la lumière autour d'un corps opaque se trouvant sur sa trajectoire.

D) L'absorption de certaines couleurs par la lumière blanche pénétrant certaines surfaces et certains filtres.

E) Le changement de direction du rayon lumineux après avoir frappé une surface.

F) L'étalement des couleurs lors de la réfraction de la lumière blanche.

RÉPONSE

1. : D); 2. : E); 3. : A); 4. : F); 5. : C); 6. : B)

LES LOIS DE LA RÉFLEXION

2

Vous devez savoir analyser le comportement de la lumière réfléchie par des miroirs de formes diverses en vous référant aux observations de phénomènes lumineux de votre environnement et aux manipulations effectuées en laboratoire.

Objectifs intermédiaires	Contenus
2.1	Phénomène de la lumière réfléchie
2.2	Fonctionnement d'un appareil qui utilise un ou des miroirs
2.4	Comportement de la lumière réfléchie par un miroir plan
2.5	Champ de vision d'un observateur placé devant un miroir
2.6	Comportement de la lumière réfléchie par un miroir courbe
2.10	Analyse des réflexions de la lumière sur des miroirs de diverses formes

8. (Obj. 2.1) Remplissez les espaces vides.

Il existe deux types de réflexion : .... et ....
Lorsque la lumière est réfléchie dans toutes les directions, on dit que la réflexion est .... Lorsque les rayons sont réfléchis de façon ordonnée (le parallélisme des rayons réfléchis n'est pas touché), on dit que la réflexion

est .... Une surface lisse (par exemple, un miroir) produit une réflexion .... Une surface rugueuse (par exemple, un mur) produit une réflexion ....

RÉPONSE

Il existe deux types de réflexion : **spéculaire** et **diffuse**. Lorsque la lumière est réfléchie dans toutes les directions, on dit que la réflexion est **diffuse**. Lorsque les rayons sont réfléchis de façon ordonnée (le parallélisme des rayons réfléchis n'est pas touché), on dit que la réflexion est **spéculaire**. Une surface lisse (par exemple, un miroir) produit une réflexion **spéculaire**. Une surface rugueuse (par exemple, un mur) produit une réflexion **diffuse**.

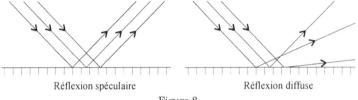

Réflexion spéculaire   Réflexion diffuse

Figure 8

9. (Obj. 2.4) Dans la figure ci-dessous, identifiez :
a) le rayon incident;
b) le rayon réfléchi;
c) le point d'incidence;
d) la normale au point d'incidence;
e) l'angle d'incidence;
f) l'angle de réflexion.

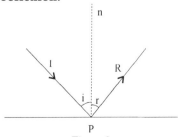

Figure 9

SOLUTION

- Le **rayon incident** est celui qui, partant d'une source, rencontre un miroir.
- Le **rayon réfléchi** est celui qui, après avoir rencontré un miroir, retourne à son milieu d'incidence en s'éloignant du miroir.
- Le **point d'incidence** est le point sur un miroir où le rayon incident le touche.
- La **normale** est une droite perpendiculaire au plan du miroir passant par le point d'incidence.
- L'**angle d'incidence** est l'angle que forme le rayon incident avec la normale.
- L'**angle de réflexion** est l'angle que forme le rayon réfléchi avec la normale.

Les angles d'incidence et de réflexion sont les angles que forment respectivement le rayon d'incidence et le rayon de réflexion <u>avec la normale, non pas avec le miroir</u>, et ces angles sont égaux dans le cas d'une réflexion spéculaire.

RÉPONSE

a) : I;   b) : R;   c) : P;   d) : n;   e) : $\angle$ i;   f) : $\angle$ r

10. (Obj. 2.4) Parmi les énoncés suivants, choisissez ceux qui se rapportent aux deux lois de la réflexion.

A) **Le rayon incident, le rayon réfléchi et la normale sont dans un même plan.**

B) **Les angles de réflexion et d'incidence sont complémentaires, c'est-à-dire que la somme de leurs mesures est égale à 90°.**

C) **Les rayons incident et réfléchi forment toujours un angle plus petit que 180°.**

D) **L'angle de réflexion est égal à l'angle d'incidence.**

SOLUTION

Voici les deux lois de la réflexion :

• Le rayon incident, le rayon réfléchi et la normale sont dans un même plan.

• L'angle de réflexion est égal à l'angle d'incidence.

RÉPONSE

A) et D)

11. (Obj. 2.4) Quelles lois de la réflexion ne sont pas respectées dans les figures ci-dessous?

a)

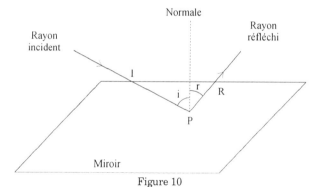

Figure 10

b)

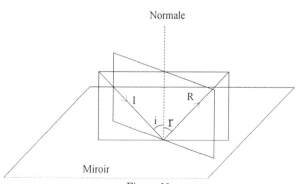

Figure 11

RÉPONSE

a) L'angle d'incidence n'est pas égal à l'angle de réflexion; la deuxième loi n'est pas respectée.

b) Les rayons incident et réfléchi ne sont pas sur le même plan; la première loi n'est pas respectée.

12. [E](Obj. 2.4) Un pinceau de lumière subit une réflexion sur un miroir plan. La mesure de l'angle formé par le pinceau réfléchi et la surface du miroir est de 50°.

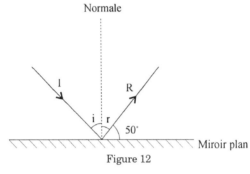

Figure 12

Quelle est la mesure de l'angle d'incidence?

A) 40°

B) 50°

C) 80°

D) 90°

SOLUTION

D'après la loi de la réflexion, les angles d'incidence et de réflexion sont congrus (m $\angle$ i = m $\angle$ r).

Vous avez ici :

m $\angle$ r = 90° – 50° = 40°.

L'angle d'incidence et l'angle de réflexion sont formés par les rayons respectifs et la normale au miroir.

RÉPONSE

A)

13. [E](Obj. 2.4) **Vous voulez éclairer un objet par l'arrière en faisant réfléchir un faisceau lumineux sur deux miroirs plans à 90° tels qu'illustrés ci-dessous.**

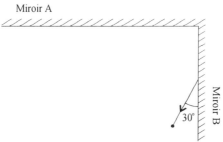

Figure 13

Si le faisceau réfléchi sur le miroir B fait un angle de 30° avec ce dernier, quel devra être l'angle d'incidence sur le miroir A?

A) 30°

B) 60°

C) 70°

D) 90°

SOLUTION

Conseil

Dans ce genre de problème, vous devrez utiliser la construction géométrique pour faciliter la démarche de la solution.

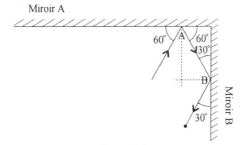

Figure 14

Ici, vous devez appliquer deux fois la loi de la réflexion.

RÉPONSE

A)

14. (Obj. 2.4) En vous servant de la liste des propriétés ci-dessous, classez en deux colonnes celles qui caractérisent une image réelle et celles qui caractérisent une image virtuelle.

a) **Choix 1 : Elle est toujours droite (dans le même sens que l'objet)**

   Choix 2 : Elle est toujours renversée (par rapport à l'objet)

b) **Choix 1 : Elle peut être projetée sur un écran**

   Choix 2 : Elle ne peut pas être projetée sur un écran

c) **Choix 1 : Elle est constituée de rayons lumineux réels**

   Choix 2 : Elle est constituée de rayons non réels

SOLUTION

- L'image est réelle lorsqu'elle est formée par la rencontre de rayons réels. Elle est toujours renversée et vous pouvez la capter sur un écran.

- L'image est virtuelle lorsqu'elle est formée par le prolongement des rayons réfléchis. Elle est toujours droite et vous ne pouvez pas la reproduire sur un écran.

RÉPONSE

	L'image réelle	L'image virtuelle
a)	Choix 2	Choix 1
b)	Choix 1	Choix 2
c)	Choix 1	Choix 2

15. [E](Obj. 2.4) Un objet est placé devant un miroir plan. Quel schéma ci-dessous représente correctement l'image de cet objet formée par le miroir plan?

A)   C)

B)   D)

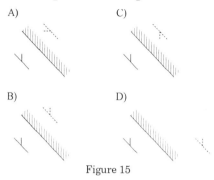

Figure 15

SOLUTION

L'image d'un objet est symétrique par rapport au plan du miroir. Pour n'importe quel point de cet objet, la distance « objet-miroir » est égale à la distance « miroir-image ».

 N'oubliez pas que les distances sont toujours mesurées perpendiculairement au plan du miroir.

RÉPONSE

A)

16. [E](Obj. 2.4) Un objet est placé à 1 m d'un miroir plan. Une personne se tient à 2 m derrière cet objet.

Quelle est la distance entre la personne et l'image de l'objet?

A) 2 m

B) 4 m

C) 3 m

D) 6 m

SOLUTION

La distance entre l'image derrière le miroir et le miroir est égale
à la distance entre l'objet devant le miroir et celui-ci.

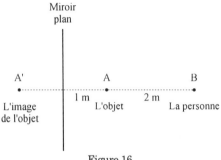

Figure 16

Vous avez alors

BA' = AA' + AB = 2 × 1 m + 2 m = 4 m

RÉPONSE

B)

**17. E(Obj. 2.5) Un observateur est placé près d'une vitre
réfléchissante dans laquelle il voit les images de quelques
arbustes.**

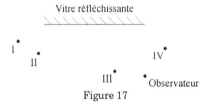

Figure 17

**D'après le schéma ci-dessus, de quels arbustes
l'observateur voit-il les images?**

A) **III seulement**

B) **III et IV seulement**

C) **II et III seulement**

D) **I, II, III et IV**

SOLUTION

- Le **champ de vision** d'un observateur placé devant un miroir est la portion de l'espace visible par réflexion. Cette zone prend la forme d'une pyramide ayant pour sommet le point symétrique à l'observateur par rapport au plan du miroir et elle est délimitée par les droites partant de la position image de l'observateur et passant chacune par un coin du miroir.

Sur la figure 18, vous voyez que seuls les arbustes II et III se trouvent dans le champ de vision de l'observateur.

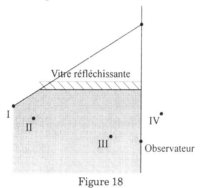

Figure 18

RÉPONSE

C)

18. (Obj. 2.6) Soit un miroir concave et soit les trois rayons incidents principaux (voir figure 19) :

parallèle à l'axe principal (1), passant par le foyer du miroir (2) et passant par le centre de courbure (3).

Tracez les rayons réfléchis de ces trois rayons principaux et énoncez les règles de la construction de l'image d'un objet dans un miroir concave.

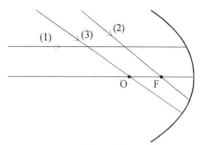

Figure 19

SOLUTION ET RÉPONSE

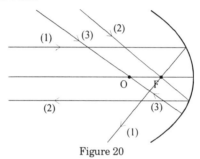

Figure 20

 • Tout rayon parallèle à l'axe principal est réfléchi en passant par le foyer.

• Tout rayon passant par le foyer est réfléchi parallèlement à l'axe principal.

• Tout rayon qui passe par le centre de courbure est réfléchi en revenant par ce centre.

 • Pour déterminer la position de l'image d'un point dans un miroir concave, il faut appliquer au moins deux des trois règles concernant les rayons principaux. L'image de ce point se trouve alors à l'intersection de ces deux rayons réfléchis.

• Par réversibilité, les parcours optiques peuvent être inversés, sans que les lois changent.

Pour un miroir concave parabolique, on applique évidemment seulement les deux premières règles de la construction de l'image, c'est-à-dire les règles du rayon incident parallèle à l'axe principal et du rayon incident passant par le foyer.

19. ^E(Obj. 2.6) Le schéma ci-dessous illustre un rayon lumineux qui touche un miroir sphérique concave.

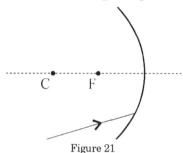

Figure 21

Parmi les figures ci-dessous, laquelle représente le mieux la direction du rayon réfléchi par le miroir?

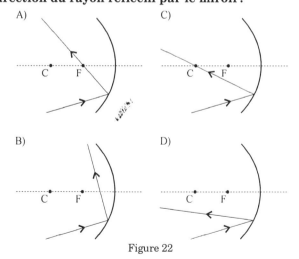

Figure 22

SOLUTION

Conseil

Une démarche intéressante à relever dans les choix de réponse consiste à éliminer les mauvaises réponses au lieu de chercher la bonne réponse. En éliminant les réponses erronées, à la fin il faut démontrer que la réponse choisie est bonne.

Pour que le rayon réfléchi passe par le foyer, il aurait fallu que son rayon incident soit parallèle à l'axe principal (la réponse A) est à rejeter).

Pour que le rayon réfléchi passe au centre, il aurait fallu que son rayon incident passe aussi par le centre (la réponse C) est à rejeter).

Pour que le rayon réfléchi soit parallèle à l'axe principal, il aurait fallu que son rayon incident passe par le foyer (la réponse D) est à rejeter).

Le rayon incident sur la figure B n'est pas un rayon principal. Il faut donc, pour trouver son rayon réfléchi, appliquer la loi de la réflexion ($\angle$ i = $\angle$ r). Pour commencer, on trace la normale au point d'incidence (elle passe toujours du centre jusqu'au point d'incidence). Ensuite, on mesure $\angle$ i ($\angle$ i est l'angle entre le rayon incident et la normale) et on trace de l'autre côté de la normale l'angle de réflexion correspondant, donc l'angle de la même mesure que $\angle$ i.

RÉPONSE

B)

20. (Obj. 2.6) Voici des caractéristiques de l'image concernant sa position, sa nature, son sens et sa grandeur. Servez-vous-en afin de compléter le tableau présenté à la page suivante.

Caractéristiques de l'image :

Position :   Choix 1 : à plus de 2 l$_f$

                  Choix 2 : à 2 l$_f$

                  Choix 3 : entre l$_f$ et 2 l$_f$

                  Choix 4 : derrière le miroir

Nature :   Choix 1 : réelle

                  Choix 2 : virtuelle

Sens :   Choix 1 : droit

              Choix 2 : renversée

Grandeur :   Choix 1 : plus petite que l'objet

              Choix 2 : égale à l'objet

              Choix 3 : plus grande que l'objet

Si l'objet est situé	Position de l'image	Nature	Sens	Grandeur
à plus de 2 l_f	3	1	2	1
à 2 l_f	2	1	2	2
entre l_f et 2 l_f	1	1	2	3
au foyer				
entre le miroir et le foyer	4	2	1	3

SOLUTION

Conseil

Ne mémorisez pas les caractéristiques de l'image d'un objet en fonction de sa position. Il suffit de savoir dessiner l'image dans tous les cas possibles et d'en tirer les conclusions.

1er cas : L'objet est à plus de 2 l_f.

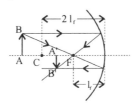

Figure 23

2e cas : L'objet est à 2 l_f.

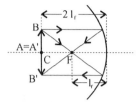

Figure 24

3e cas : L'objet est entre l_f et $2\, l_f$.

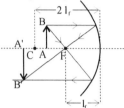

Figure 25

4e cas : L'objet est au foyer.

 L'image d'un objet situé au foyer n'existe pas.

5e cas : L'objet est entre le miroir et le foyer.

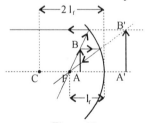

Figure 26

REMARQUE Une image réelle est toujours renversée.
Une image virtuelle est toujours droite.

RÉPONSE

Si l'objet est situé	Position de l'image	Nature	Sens	Grandeur
à plus de 2 l_f	Choix 3	Choix 1	Choix 2	Choix 1
à 2 l_f	Choix 2	Choix 1	Choix 2	Choix 2
entre l_f et 2 l_f	Choix 1	Choix 1	Choix 2	Choix 3
au foyer	il n'y en a pas	il n'y en a pas	il n'y en a pas	il n'y en a pas
entre le miroir et le foyer	Choix 4	Choix 2	Choix 1	Choix 3

21. ^{E}(Obj. 2.6) L'une des affirmations ci-dessous convient seulement aux miroirs concaves.

Quelle est cette affirmation?

A) L'image peut être réelle ou virtuelle; elle est toujours droite; elle est toujours située derrière le miroir.

B) L'image est toujours virtuelle; elle peut être droite ou renversée; elle peut être située devant ou derrière le miroir.

C) L'image peut être réelle ou virtuelle; elle peut être droite ou renversée; elle peut être située devant ou derrière le miroir.

D) L'image est toujours réelle; elle peut être droite ou renversée; elle est toujours située derrière le miroir.

SOLUTION

Vous trouverez tout de suite la réponse en vous référant à la question précédente.

RÉPONSE

C)

22. ^{E}(Obj. 2.6) Une bougie (B) est placée devant un miroir sphérique concave de foyer F.

Sur quel schéma l'image (I) de la bougie est-elle correctement dessinée?

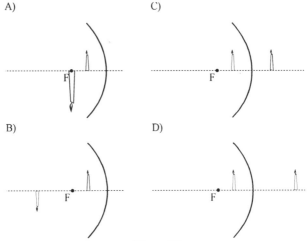

A)   C)

B)   D)

Figure 27

SOLUTION

Pour répondre à cette question, il suffit de tracer deux rayons principaux et trouver ensuite les caractéristiques de l'image. Comme la bougie est située entre le miroir et le foyer, son image est située derrière le miroir. Elle est donc virtuelle, droite et plus grande que la bougie (comparez avec le tableau de la réponse du problème 19).

RÉPONSE

D)

23. ^{E}(Obj. 2.6) On veut projeter l'image réelle et nette d'un objet à l'aide d'un miroir concave. Cet objet est placé sous l'axe principal du miroir.

Le schéma suivant illustre la situation.

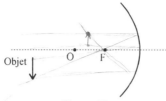

Figure 28

Dessinez l'image de l'objet qui sera obtenue après avoir tracé les rayons lumineux appropriés.

SOLUTION ET RÉPONSE

Il faut tracer deux rayons principaux (un parallèle à l'axe et l'autre passant par le foyer) de chaque extrémité de la flèche, A et B, pour obtenir (à la rencontre de ces rayons) les extrémités de l'image, A' et B'.

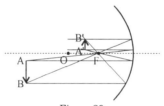

Figure 29

24. [E](Obj. 2.6) Le schéma ci-dessous illustre un objet éclairé et son image virtuelle dans un miroir parabolique concave.

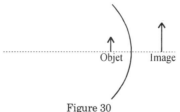

Figure 30

À quel endroit se situe le foyer principal du miroir?

SOLUTION ET RÉPONSE

Pour trouver le foyer d'un miroir, tracez un des deux rayons principaux, soit le rayon incident parallèle à l'axe principal qui est réfléchi en passant par le foyer, soit le rayon réfléchi parallèle à l'axe principal car son rayon incident passe par le foyer.

Voici les étapes à suivre si vous avez choisi le rayon incident parallèle à l'axe principal :

1re étape

Tracez le rayon incident parallèle à l'axe principal et passant par la tête de la flèche Objet, et déterminez le point d'incidence.

2e étape

Reliez le point d'incidence à la tete de la flèche Image, et trouvez le point de rencontre de la droite ainsi obtenue avec l'axe principal.

Le point de rencontre détermine le foyer du miroir (voir figure 31, où les chiffres indiquent l'ordre de la construction).

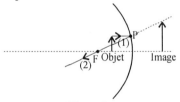

Figure 31

Voici les étapes à suivre si vous avez choisi le rayon réfléch i parallèle à l'axe principal :

1re étape

Tracez le prolongement du rayon réfléchi parallèle à l'axe principal.

2e étape

Tracez la droite passant par le point d'incidence et la tête de la flèche Objet, et trouvez le point de rencontre de la droite ainsi obtenue avec l'axe principal.

Le point de rencontre détermine le foyer du miroir (voir figure 32, où les chiffres indiquent l'ordre de la construction).

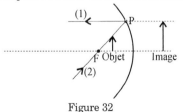

Figure 32

25. (Obj. 2.10) On place une chandelle d'une hauteur de 8 cm à 15 cm d'un miroir concave, dont la distance focale est de 5 cm.

a) Quel est le type d'image formée? *réelle*

b) Trouvez la distance image-foyer. $\dfrac{lf}{lo} = \dfrac{li}{lf}$

c) Trouvez la hauteur de l'image.

d) Déterminez le grandissement.

SOLUTION

Voici un exemple de schéma illustrant la formation de l'image d'un objet placé devant un miroir concave.

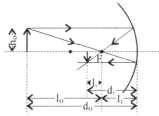

Échelle : 1 cm = 5 cm

Figure 33

Il y a quatre équations des miroirs concaves :

$$\bullet \quad \frac{h_i}{h_0} = \frac{l_f}{l_0} = \frac{l_i}{l_f} = \frac{d_i}{d_0}$$

$$\bullet \quad l_0\, l_i = l_f^2$$

$$\bullet \quad \frac{1}{d_0} + \frac{1}{d_i} = \frac{1}{l_f}$$

$$\bullet \quad G = \frac{h_i}{h_0}$$

où

h_0 est la hauteur de l'objet

h_i est la hauteur de l'image

l_0 est la distance objet-foyer

l_i est la distance image-foyer

d_0 est la distance objet-miroir

d_i est la distance image-miroir

l_f est la distance focale

Signes conventionnels

Pour un miroir concave :

* La distance focale (l_f) est toujours positive.
* Les distances d'un objet (d_0 et l_0) sont toujours positives.
* Les distances (d_i et l_i) sont positives dans le cas d'une image réelle et négatives dans le cas d'une image virtuelle.

Conseil

Vous avez intérêt pour chaque problème à faire une figure à l'échelle de préférence.

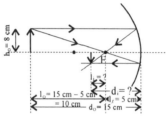

Échelle : 1 cm = 5 cm

Figure 34

a) Puisque $d_0 > 2\ l_f$ (15 cm > 2 × 5 cm = 10 cm), l'image sera réelle, renversée et plus petite que l'objet (vérifiez avec le schéma de la figure 34).

b) Données : $h_0 = 8$ cm

$d_0 = 15$ cm

$l_f = 5$ cm

$l_0 = d_0 - l_f = 15$ cm $- 5$ cm $= 10$ cm (vérifiez sur la figure 34)

Inconnue : $l_i = ?$

Formule : $l_0\ l_i = l_f^2$

Calcul :

De la formule ci-dessus, vous obtenez

$$l_i = \frac{l_f^2}{l_0} = \frac{5\,cm^2}{10\,cm} = 2,5\,cm$$

REMARQUE En examinant le schéma de la figure 33, vous pouvez remarquer que $l_i = d_i - l_f$.

Cette constatation vous suggère la solution selon la deuxième méthode.

D'abord, par la formule

$$\frac{1}{d_0} + \frac{1}{d_i} = \frac{1}{l_f}$$

où $d_0 = 15$ cm et $l_f = 5$ cm, vous avez

$$\tfrac{1}{15}\,cm + \frac{1}{d_i} = \tfrac{1}{5}\,cm$$

$$\frac{1}{d_i} = \tfrac{1}{5}\,cm - \tfrac{1}{15}\,cm = \tfrac{2}{15}\,cm.$$

D'où

$d_i = 7,5$ cm.

Ce résultat vous permet de conclure que l'image est réelle (la distance d_i étant positive).

Ensuite, vous trouvez

$l_i = d_i - l_f = 7,5$ cm $- 5$ cm $= 2,5$ cm.

Vous constatez qu'on obtient la même réponse par les deux méthodes.

Vous n'êtes pas obligé de résoudre chaque fois un problème par les deux méthodes. La deuxième méthode pourrait toujours vous servir comme un bon moyen de vérifier votre réponse.

c) Données : $l_i = 2,5$ cm (calculé en b)

$l_f = 5$ cm

$h_0 = 8$ cm

Inconnue : $h_i = ?$

Formule : $\dfrac{h_i}{h_0} = \dfrac{l_i}{l_f}$

Calcul :

En isolant h_i, vous obtenez

$$h_i = \frac{l_i \times h_0}{l_f} = \frac{2,5\,cm \times 8\,cm}{5\,cm} = 4\,cm$$

d) $G = \dfrac{h_i}{h_0} = \dfrac{4\,cm}{8\,cm} = 0,5$

 REMARQUE Le grandissement peut être aussi trouvé par la formule :

$$G = \frac{d_i}{d_0}.$$

On a alors $G = \dfrac{7,5\,cm}{15\,cm} = 0,5$.

RÉPONSE

b) L'image réelle, renversée, plus petite que l'objet.
c) $l_i = 2,5$ cm
d) $h_i = 4$ cm
e) $G = 0,5$

26. (Obj. 2.10) Dans la situation de l'exercice précédent, remplacez le miroir concave par un miroir convexe. Voici le schéma qui caractérise cette nouvelle situation.

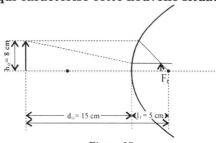

Figure 35

Répondez aux mêmes questions qu'auparavant, c'est-à-dire :

a) Quel est le type d'image formée?
b) Trouvez la distance image-foyer.
c) Trouvez la hauteur de l'image.
d) Déterminez le grandissement.

SOLUTION

Voici un exemple de schéma illustrant la formation de l'image d'un objet placé devant un miroir convexe.

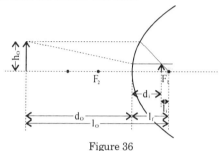

Figure 36

Il y a quatre équations des miroirs convexes :

À RETENIR

- $\dfrac{h_i}{h_0} = -\dfrac{l_f}{l_0} = \dfrac{l_i}{l_f} = -\dfrac{d_i}{d_0}$

- $l_0\, l_i = -l_f^2$

- $\dfrac{1}{d_0} + \dfrac{1}{d_i} = \dfrac{1}{l_f}$

- $G = \dfrac{h_i}{h_0}$

Signes conventionnels

Pour un miroir convexe :

- La distance focale (l_f) est toujours négative.
- Les distances d'un objet (d_0 et l_0) sont toujours positives.
- Les distances d'une image (d_i et l_i) sont toujours négatives.

La figure 37 représente la construction de l'image de la chandelle.

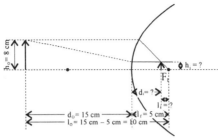

Figure 37

a) D'après le schéma de la figure 37, vous constatez que l'image est virtuelle, alors droite, derrière le miroir et plus petite que l'objet.

b) Données : $h_0 = 8$ cm

$d_0 = 15$ cm

$l_f = -5$ cm (car le miroir est convexe)

$l_0 = d_0 - l_f = 15$ cm $- (-5$ cm$) = 20$ cm (vérifiez sur la figure 37)

Inconnue : $l_i = ?$

1re méthode

Formule : $l_0 \, l_i = - l_f^2$ (car le miroir est convexe)

Calcul :

De la formule ci-dessus, vous obtenez

$l_i = -\dfrac{l_f^2}{l_0} = -\dfrac{-5 \, cm^2}{20 \, cm} = -1,25 \, cm$ (le signe est négatif car l'image est virtuelle).

2e méthode

Formule : $l_i = l_f - d_i$

Calcul :

D'abord, par la formule

$\dfrac{1}{d_0} + \dfrac{1}{d_i} = \dfrac{1}{l_f}$

où $d_0 = 15$ cm et $l_f = -5$ cm, vous avez

$\tfrac{1}{15} \, cm + \dfrac{1}{d_i} = -\tfrac{1}{5} \, cm$

$$\frac{1}{d_i} = -\frac{1}{5} - \frac{1}{15}\, cm = -\frac{4}{15}\, cm.$$

D'où

$d_i = -3,75$ cm (le signe est négatif car l'image est virtuelle).

Ensuite, vous trouvez

$l_i = l_f - d_i = -5$ cm $- (-3,75$ cm$) = -1,25$ cm.

Vous constatez qu'on obtient la même réponse par les deux méthodes.

c) Données : $\quad l_i = -1,25$ cm (calculé en b)

$\qquad\qquad\qquad l_f = -5$ cm

$\qquad\qquad\qquad h_0 = 8$ cm

Inconnue : $\quad h_i = ?$

Formule : $\qquad \dfrac{h_i}{h_0} = \dfrac{l_i}{l_f}$

Calcul :

En isolant h_i, vous obtenez

$$h_i = \frac{l_i \times h_0}{l_f} = \frac{-1,25\, cm \times 8\, cm}{-5\, cm} = 2\, cm$$

d) $\quad G = \dfrac{h_i}{h_0} = \dfrac{2\, cm}{8\, cm} = 0,25$

 Le grandissement peut être aussi trouvé par la formule :

$$G = -\frac{d_i}{d_0}\,.$$

On a alors $\quad G = -\dfrac{-3,75\, cm}{15\, cm} = 0,25.$

RÉPONSE

a) L'image virtuelle, droite, plus petite que l'objet.

b) $l_i = -1,25$ cm

c) $h_i = 2$ cm

d)   G = 0,25

27. [E](Obj. 2.10) **Tout d'abord, vous placez un objet à 30 cm d'un miroir concave. Vous observez que son image est réelle et qu'elle se situe à 15 cm du miroir. Par la suite, vous déplacez cet objet et le placez à 6,0 cm du miroir.**

a) À quelle distance du miroir se situe l'image de cet objet?

b) Donnez cette distance en précisant de quel côté du miroir (devant ou derrière) se trouve l'image.

SOLUTION

a)   Voici deux étapes de la solution.

1re étape

Données : d_0 = 30 cm

d_i = 15 cm

Inconnue : l_f = ?

Formule : $\dfrac{1}{d_0} + \dfrac{1}{d_i} = \dfrac{1}{l_f}$

Calcul :

$\dfrac{1}{30}$ cm + $\dfrac{1}{15}$ cm = $\dfrac{1}{l_f}$

$\dfrac{1}{30}$ cm + $\dfrac{2}{30}$ cm = $\dfrac{1}{l_f}$

$\dfrac{1}{10}$ cm = $\dfrac{1}{l_f}$

D'où l_f = 10 cm.

2e étape

Données : d_0 = 6,0 cm

l_f = 10 cm

Inconnue : d_i = ?

Formule : $\dfrac{1}{d_0} + \dfrac{1}{d_i} = \dfrac{1}{l_f}$

Calcul :

$$\frac{1}{6}\,cm + \frac{1}{d_i} = \frac{1}{10}\,cm$$

$$\frac{1}{d_i} = \frac{1}{10}\,cm - \frac{1}{6}\,cm$$

$$\frac{1}{d_i} = \frac{3}{30}\,cm - \frac{5}{30}\,cm$$

D'où $d_i = -15$ cm.

b) La distance image-miroir étant négative, l'image de l'objet se trouve derrière le miroir.

RÉPONSE

a) $d_i = -15$ cm

b) Derrière le miroir.

28. (Obj. 2.10) Un miroir concave a une distance focale de 10 cm. À quelle distance du foyer devrait-on placer un objet pour obtenir sur un écran une image deux fois plus grande?

SOLUTION

Données : $l_f = 10$ cm

$h_i = 2h_0$

Inconnue : $l_0 = ?$

Formule : $\dfrac{h_i}{h_0} = \dfrac{l_f}{l_0}$

Calcul :

$$2\frac{h_0}{h_0} = \frac{10\,cm}{l_0}$$

D'où $l_0 = 5$ cm.

RÉPONSE

$l_0 = 5$ cm

3 LES LOIS DE LA RÉFRACTION

Vous devez savoir analyser le comportement de la lumière réfractée par diverses substances en vous référant aux observations que vous avez faites de phénomènes lumineux de votre environnement et aux manipulations réalisées en laboratoire.

Objectifs intermédiaires	Contenus
3.1	Phénomène de la réfraction
3.2	Dispersion de la lumière
3.3	Perception de la couleur des objets
3.4	Lois de la réfraction
3.7	Phénomène de la réflexion totale interne de la lumière
3.8	Analyse des réfractions de la lumière

29. (Obj. 3.1) En vous servant de la figure 38, nommez chacun des éléments représentés par les lettres : R, S, N, I, i, r, n_1 et n_2.

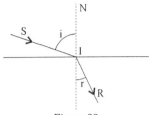

Figure 38

RÉPONSE

S : rayon incident; R : rayon réfracté; N : normale; I : point d'incidence; i : angle d'incidence; r : angle de réfraction; n_1 : milieu d'incidence et n_2 : milieu de réfraction.

30. [E](Obj. 3.1) **Un pinceau de lumière monochromatique traverse un prisme transparent après s'être propagé dans l'air.**

Lequel des schémas suivants illustre correctement ce trajet du pinceau de lumière?

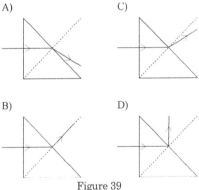

Figure 39

SOLUTION

Remarquez tout d'abord que le rayon lumineux étant un rayon perpendiculaire à la 1re surface rencontrée, il n'est pas dévié à son entrée dans le prisme. La déviation se produit lorsque le rayon va de l'intérieur du verre à l'air. Il frappe alors la surface verre-air avec un angle différent de 0. Comme l'air est moins réfringent que le prisme, le rayon s'écarte de la normale.

Conseil

Référez-vous ici à l'expérience faite en classe et au schéma de cette expérimentation (figure 40).

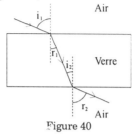

Figure 40

Vous en avez retiré trois conséquences :

- Lorsqu'un rayon de lumière passe de l'air au milieu transparent autre que l'air (comme l'eau ou le verre), il se rapproche de la normale en formant un angle plus petit (r_1 i_1).

- Lorsqu'un rayon de lumière passe du milieu transparent autre que l'air à l'air, il s'éloigne de la normale en formant un angle plus grand (r_2 i_2).

- Le rayon incident entrant dans un bloc transparent à tracés parallèles (par exemple, de verre) et le rayon sortant de ce bloc sont parallèles ($i_1 = r_2$).

En appliquant la deuxième constatation, vous trouvez facilement la réponse.

RÉPONSE

A)

31. [E]**(Obj. 3.1) Un rayon de lumière monochromatique traverse un bloc de verre à tracés parallèles.**

Lequel des schémas suivants illustre correctement la position que prend le rayon émergent dans l'air?

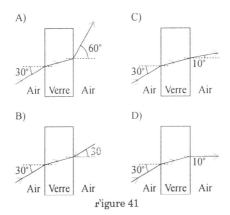

Figure 41

SOLUTION

Référez-vous à la troisième conclusion dans la solution de la question précédente.

RÉPONSE

B)

32. (Obj. 3.1 et 3.2) Complétez le texte suivant :

Lorsque la lumière frappe une surface opaque et qu'elle est réfléchie, alors on parle du phénomène de la ....
(1).

La .... (2) est le changement de la direction de la lumière lorsqu'elle franchit la séparation entre deux milieux transparents différents.

La lumière ..blanche..(3) est composée de toutes les couleurs de l'arc-en-ciel.

La .... (4) est la réfraction de la lumière blanche à travers un prisme et cette lumière s'étale dans les couleurs du spectre.

SOLUTION

• La **réfraction** est le changement de la direction de la lumière lorsqu'elle franchit la séparation entre deux milieux transparents différents.

- La **dispersion** est la réfraction à travers un prisme de la lumière blanche qui s'étale dans les couleurs du spectre.

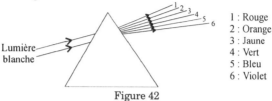

1 : Rouge
2 : Orange
3 : Jaune
4 : Vert
5 : Bleu
6 : Violet

Figure 42

RÉPONSE

(1) réflexion; (2) réfraction; (3) blanche; (4) dispersion

33. ^E Correction: **33.** ^{E}**(Obj. 3.3) Lors d'un spectacle, l'éclairagiste utilise deux projecteurs pour éclairer un chanteur sur scène. Les projecteurs sont munis de filtres, rouge et vert respectivement, tel qu'illustré ci-dessous et chacun projette l'ombre du chanteur sur un écran blanc.**

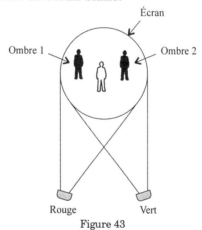

Figure 43

Que peut-on dire des couleurs que verront les spectateurs?

A) L'écran paraîtra jaune, l'ombre 1 rouge et l'ombre 2 verte.

B) L'écran paraîtra jaune, l'ombre 1 verte et l'ombre 2 rouge.

C) L'écran paraîtra blanc, l'ombre 1 rouge et l'ombre 2 verte.

D) L'écran paraîtra blanc, l'ombre 1 verte et l'ombre 2 rouge.

SOLUTION

Les couleurs primaires rouge et verte se superposent en produisant la couleur secondaire jaune sur l'écran. L'ombre 1 paraîtra rouge car seul le rouge éclaire cette ombre, tandis que l'ombre 2 paraîtra verte car seul le vert atteint cette zone.

RÉPONSE

A)

34. (Obj. 3.4) Un faisceau lumineux passe du milieu I au milieu II en s'éloignant de la normale au plan de séparation.

Vous pouvez donc constater que :

A) les milieux I et II sont de même substance;

B) le milieu I est plus réfringent que le milieu II;

C) le milieu II est plus réfringent que le milieu I;

D) le milieu II a deux deux fois plus d'épaisseur que le milieu I.

RÉPONSE

B)

35. (Obj. 3.4) Lequel des énoncés suivants décrit le mieux la loi de Kepler sur la réfraction et celle de Snell-Descartes sur la réfraction?

A) Pour deux milieux transparents le rapport $\dfrac{i}{r}$ est constant si i < 15°.

B) Pour deux milieux transparents le rapport $\dfrac{\sin i}{\sin r}$ est toujours plus grand que 1.

C) Pour deux milieux transparents le rapport $\dfrac{\sin i}{\sin r}$ dépend de la grandeur de l'angle i.

D) Pour deux milieux transparents le rapport $\dfrac{\sin i}{\sin r}$ est constant quelle que soit la grandeur de l'angle i.

E) **Pour deux milieux transparents le rapport $\dfrac{i}{r}$ est constant si l'angle d'incidence est compris entre 45° et 90°.**

SOLUTION

 • **Loi de Kepler**

Pour deux milieux transparents le rapport $\dfrac{i}{r}$ est constant si l'angle d'incidence est inférieur à 15°.

• **Loi de Snell-Descartes**

Pour deux milieux transparents le rapport $\dfrac{\sin i}{\sin r}$ est constant pour tous les angles d'incidence (de 0° à 90°).

 La loi de Snell-Descartes est plus générale que celle de Kepler.

RÉPONSE

La loi de Kepler : l'énoncé A)

La loi de Snell-Descartes : l'énoncé D)

36. [E](Obj. 3.4) **Au laboratoire, on observe un pinceau lumineux qui traverse deux liquides superposés dans un bécher. L'angle de réfraction dans l'eau est de 25°.**

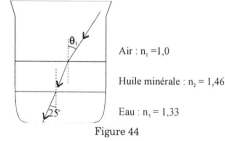

Air : $n_1 = 1,0$

Huile minérale : $n_2 = 1,46$

Eau : $n_3 = 1,33$

Figure 44

Quelle est la mesure de l'angle d'incidence A?

SOLUTION

- Lorsque la lumière passe du vide dans une substance transparente, la constante **n** calculée par la formule

$$n = \frac{\sin i}{\sin r}$$

est appelée **indice absolu** de réfraction de cette substance.

- Pour deux substances quelconques I et II dont les indices absolus de réfraction sont respectivement n_1 et n_2, on a :

$$\frac{\sin\theta_1}{\sin\theta_2} = \frac{n_2}{n_1} \quad \text{ou} \quad n_1 \sin\theta_1 = n_2 \sin\theta_2 \, .$$

Cette équation est appelée **équation générale de la réfraction**.

Le rayon lumineux traverse les trois milieux I, II et III (figure 45). Vous devez donc appliquer deux fois l'équation générale de la réfraction.

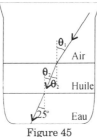

Figure 45

D'abord, vous écrivez l'équation générale de la réfraction pour un rayon lumineux qui passe de l'huile (substance II) à l'eau (substance III)

$$n_2 \sin\theta_2 = n_3 \sin 25^\circ.$$

Alors

$$\sin \theta_2 = \frac{1,33 \sin 25^{\circ}}{1,46},$$

d'où

$\theta_2 = 22,6^{\circ}$.

Remarquez que l'angle d'incidence du rayon passant de l'huile à l'eau est congru à l'angle de réfraction du rayon passant de l'air à l'huile (l'angle θ_2).

Ensuite, vous écrivez l'équation de la réfraction pour un rayon lumineux qui passe de l'air (substance I) à l'huile (substance II)

$n_1 \sin \theta_1 = n_2 \sin \theta_2$.

Alors

$$\sin \theta_1 = \frac{1,46 \sin 22,6^{\circ}}{1,0},$$

d'où

$\theta_1 = 34^{\circ}$.

REMARQUE Vous pouvez aussi trouver l'angle θ_1 en écrivant l'équation de la réfraction directement pour les milieux I et III, soit

$n_1 \sin \theta_1 = n_3 \sin 25^{\circ}$.

RÉPONSE

$\theta1 = 34^{\circ}$

37. [E](Obj. 3.4) **Vous êtes debout sur le bord d'une piscine. Vous apercevez un objet au fond de cette piscine. Un rayon lumineux issu de l'objet arrive à votre œil en formant un angle de 43° avec la surface de l'eau.**

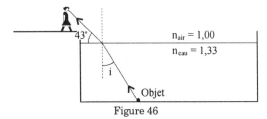

Figure 46

Quel est l'angle d'incidence de ce rayon lumineux?

A) 31°

B) 33°

C) 65°

D) 77°

SOLUTION

Ici, vous avez

$r = 90^o - 43^o$.

Par la loi générale de la réfraction,

$$\frac{\sin i}{\sin r} = \frac{n_{air}}{n_{eau}}.$$

Vous obtenez

$$\sin i = \frac{\sin 47^o}{1,33} = 0,5499.$$

D'où $r = 33^o$.

RÉPONSE

B)

38. (Obj. 3.4) Voici les relations entre les indices de réfraction d'un rayon lumineux monochromatique qui traverse trois milieux transparents :

$n_1 < n_2$ et $n_2 > n_3$.

Quel schéma représente le trajet de ce rayon?

A)

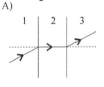

B)

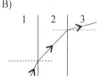

C)

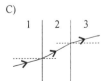

D)

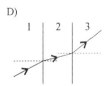

Figure 47

SOLUTION

Lorsque $n_1 < n_2$, alors

$$\frac{\sin\theta_1}{\sin\theta_2} = \frac{n_1}{n_2} > 1.$$

D'où

$\sin\theta_1 > \sin\theta_2$

et, par conséquent, $\theta_1 > \theta_2$.

Le schéma C est donc à rejeter.

Également, d'après la relation

$n_2 > n_3$,

vous obtenez

$$\frac{\sin\theta_2}{\sin\theta_3} = \frac{n_3}{n_2} < 1.$$

D'où

$\sin\theta_2 < \sin\theta_3$

et, par conséquent,

$\theta_2 < \theta_3$.

Le schéma B est donc à rejeter.

Ensuite, vous rejetez le schéma A, parce que seul un rayon incident qui est perpendiculaire à la surface demeure perpendiculaire (l'angle de réfraction est nul lorsque l'angle d'incidence est nul).

RÉPONSE

D)

39. (Obj. 3.6) En vous reportant à la situation illustrée ci-dessous, calculez l'angle critique θ_C du milieu I.

Figure 48

SOLUTION

L'angle incident dans le milieu I est dit **angle critique** et noté θ_C lorsque l'angle réfracté dans le milieu II est égal à 90°.

L'angle critique de deux milieux occupe toujours le milieu le plus réfringent.

Par définition, vous cherchez l'angle critique en remplaçant dans l'équation générale de réfraction l'angle du milieu moins réfringent par une valeur de 90°.

Ainsi

$n_1 \sin \theta_C = n_2 \sin 90°$,

d'où

$$\sin \theta_C = \frac{n_2 \sin 90°}{n_1} = \frac{1,20 \times 1}{1,55} = 0,7742.$$

Alors

$\theta_C = 51°$.

RÉPONSE

$\theta_C = 51°$

40. (Obj. 3.6) À la surface de séparation entre l'eau et l'air, toute la lumière est déviée dans la direction indiquée sur la figure ci-dessous.

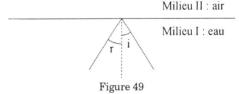

Figure 49

Quel énoncé explique ce phénomène?

A) La loi de la réfraction n'est pas respectée.

B) L'eau absorbe la lumière qui peut être réfractée.

C) L'angle d'incidence est supérieur à l'angle critique.

D) Le milieu I est plus réfringent que le milieu II.

SOLUTION

Le schéma précédent représente un phénomène de la réflexion totale interne qui se produit lorsque l'angle d'incidence dépasse l'angle critique.

RÉPONSE

C)

41. [E](Obj. 3.7) **Pour transmettre des informations, on utilise un faisceau laser guidé par une fibre optique. Cette fibre se compose d'une substance transparente d'indice de réfraction n_1, entourée d'une gaine transparente d'indice de réfraction n_2.**

Trajet d'un faisceau laser dans une fibre optique

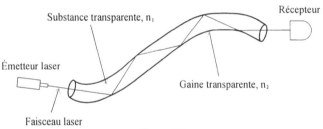

Figure 50

Quelle est la condition essentielle pour que le faisceau laser demeure à l'intérieur de la fibre optique?

A) $n_1 = n$

B) $n_1 > n_2$

C) $n_1 < n_2$

D) $n_1 = \dfrac{1}{n_2}$

SOLUTION

Pour qu'un faisceau lumineux soit complètement réfléchi, il faut qu'il passe d'un milieu plus réfringent à un autre milieu moins réfringent ($n_1 > n_2$) sous un angle θ plus grand que l'angle critique θ_C, qui est donné par la formule

$$\sin \theta_C = \frac{n_2}{n_1}.$$

RÉPONSE

B)

4 LES LENTILLES

Vous devez savoir analyser les caractéristiques des lentilles en utilisant les connaissances sur le comportement de la lumière acquises lors de vos travaux scientifiques.

Objectifs intermédiaires	Contenus
4.1	Fonctionnement d'un appareil qui comporte une ou des lentilles
4.2	Divers types de lentilles
4.3	Comportement de la lumière
4.4	Vergence d'un système de lentilles
4.6	Résolution de problèmes

42. (Obj. 4.2) La figure ci-dessous représente diverses lentilles.

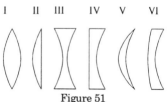

Figure 51

a) **Identifiez les lentilles :**

A) **convergentes;**

    B) divergentes.

b) **Identifiez la lentille :**
    A) biconvexe;
    B) biconcave;
    C) plan-convexe;
    D) plan-concave;
    E) ménisque convergent;
    F) ménisque divergent.

SOLUTION

Voici le schéma illustrant divers types de lentilles :

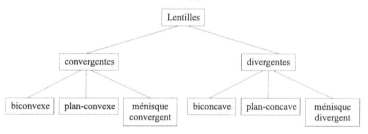

Figure 52

RÉPONSE

a)   A) I, II et V;   B) III, IV et VI.

b)   A) I;   B) III;   C) II;   D) IV;   E) V;   F) VI.

43. (Obj. 4.3) En vous référant à la figure 53 repérez les symboles des éléments suivants :
a) le rayon de courbure de la surface 2 (..............);
b) le centre optique (................);
c) l'axe principal (................);
d) le foyer principal objet (................);
e) le foyer principal image (................);
f) la distance focale (................).

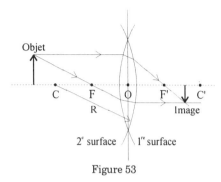

Figure 53

SOLUTION

• Quand les rayons incidents sont parallèles à l'axe principal, le point convergent d'où semblent provenir les rayons réfractés par une lentille s'appelle **foyer image (F')** (voir figure 54).

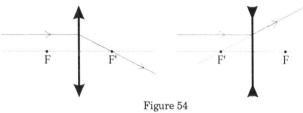

Figure 54

• Le **foyer objet (F)** est le point symétrique au foyer image par rapport au centre de la lentille appelé **centre optique (O)** (voir figure 55).

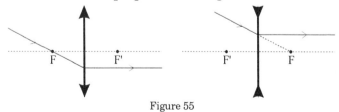

Figure 55

• La distance entre le foyer principal et le centre de la lentille est appelée **distance focale** (l_f).

La distance focale d'une lentille convergente est positive et celle d'une lentille divergente est négative.

RÉPONSE

a) R

b) O

c) CC'

d) F

e) F'

f) |OF'|

44. (Obj. 4.3) Identifiez les éléments d'une lentille divergente.

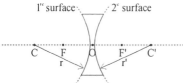

Figure 56

a) O

b) C

c) F

d) F'

e) |OF'|

f) CC'

RÉPONSE

a) Centre optique

b) Centre de courbure de la surface 1

c) Foyer objet

d) Foyer image

e) Distance focale

f) Axe principal

45. (Obj. 4.3) La vergence d'une lentille est

A) l'inverse du rayon de courbure;

B) le double de la distance focale;

C) l'inverse de la distance focale;

D) l'épaisseur de la lentille.

SOLUTION

 La **vergence** (C) d'une lentille est définie comme l'inverse de la distance focale, c'est-à-dire $C = \dfrac{1}{l_f}$.

Elle détermine la capacité d'une lentille à faire converger (lentille convergente) ou à diverger (lentille divergente) les rayons lumineux.

L'unité de vergence est la **dioptrie**, qui équivaut $\dfrac{1}{m}$.

La vergence d'une lentille convergente est positive et la vergence d'une lentille divergente est négative.

RÉPONSE

C)

46. (Obj. 4.3) La vergence d'une lentille est $C = -2,5$ dioptries.

Cette lentille est donc :

A) divergente et sa distance focale est de 0,4 m;

B) convergente et sa distance focale est de 0,4 m;

C) divergente et sa distance focale est de – 2,5 m;

D) divergente et sa distance focale est de – 0,4 m.

SOLUTION

La vergence étant négative, la lentille est divergente (la réponse B est donc à rejeter) et sa distance focale est négative (vous rejetez la réponse A). Par définition, la vergence est l'inverse de la distance focale; vous rejetez donc la réponse C. Il ne reste que la réponse D.

En effet, de la formule

$$C = \frac{1}{l_f}.$$

vous avez

$$l_f = \frac{1}{C} = \frac{1}{-2,5} \text{ dioptrie} = -0,4 \text{ m}.$$

RÉPONSE

D)

47. (Obj. 4.4) Parmi les dessins suivants, lequel ou lesquels représentent l'aberration chromatique?

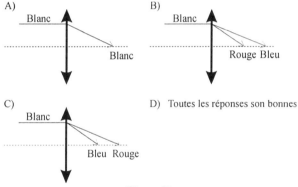

A)

Blanc

Blanc

B)

Blanc

Rouge Bleu

C)

Blanc

Bleu Rouge

D) Toutes les réponses son bonnes

Figure 57

SOLUTION

L'aberration chromatique est le résultat du fait que l'indice de réfraction est différent pour différentes couleurs du spectre. La distance focale du bleu est inférieure à la distance focale du rouge. Alors la seule bonne réponse est en C.

RÉPONSE

C)

48. [E](Obj. 4.4 et 4.6) Vous voulez construire l'objectif d'un appareil photographique à l'aide d'un système de lentilles. Cet objectif doit avoir une longueur focale de 50 mm. Vous

avez à votre disposition cinq lentilles dont les vergences sont données dans le tableau ci-dessous.

Lentille	Vergence (dioptrie)
1	– 10
2	– 6,0
3	4,0
4	12
5	14

Trouvez une combinaison possible de lentilles que vous pouvez utiliser pour construire votre objectif.

SOLUTION

La vergence C d'un système de n lentilles est égale à la somme algébrique des vergences individuelles, c'est-à-dire

$$C = C_1 + C_2 + ... + C_n.$$

Il faudra avoir une vergence positive car cette lentille devrait être convergente si l'on veut obtenir une image réelle sur la pellicule.

La distance focale de l'objectif à construire doit être $l_f = 50$ mm $= 0,05$ m; alors sa vergence sera

$$C = \frac{1}{l_f} = \frac{1}{0,05\,\text{m}} = 20 \text{ dioptries.}$$

Vous trouverez facilement qu'il y a deux possibilités d'obtenir la vergence de 20 dioptries, soit en accolant les lentilles 5, 4 et 2 $(14 + 12 – 6 = 20)$, soit en accolant les lentilles 5, 4, 3 et 1 $(14 + 12 + 4 – 10 = 20)$.

N'oubliez pas de convertir en mètres les distances focales données en mm ou en cm.

RÉPONSE

Les lentilles 2, 4 et 5, ou les lentilles 1, 3, 4 et 5.

49. (Obj. 4.4 et 4.6) Un système optique est constitué de deux lentilles accolées, l'une convergente et l'autre divergente. La longueur focale de ce système est de 50 cm. La longueur focale de la lentille convergente est de 20 cm.

Quelle est la vergence de la lentille divergente?

A) **– 3,0 dioptries**

B) **– 0,03 dioptrie**

C) **3,0 dioptries**

D) **33 dioptries**

SOLUTION

Données : $l_{f\text{ système}}$ = 50 cm = 0,5 m

$l_{f\text{ conv}}$ = 20 cm = 0,2 m

Inconnue : C_{div} = ?

Formule : $C_{système}$ = C_{conv} + C_{div}

La vergence du système est

$$C_{système} = \frac{1}{l_f} \text{ système} = \frac{1}{0,5\,m} = 2 \text{ dioptries}$$

et la vergence de la lentille convergente est

$$C_{conv} = \frac{1}{l_f} \text{ conv} = \frac{1}{0,2\,m} = 5 \text{ dioptries.}$$

Alors

C_{div} = $C_{système}$ – C_{conv} = 2 dioptries – 5 dioptries = – 3 dioptries.

Le signe négatif indique que nous avons une lentille divergente.

RÉPONSE

A)

50. ^{E}**(Obj. 4.4 et 4.6) Deux lentilles minces sont accolées pour former un système optique efficace. Ces deux lentilles ont respectivement des puissances de 20,0 et de – 12,0 dioptries.**

Quelle est la longueur focale de ce système optique?

A) 12,5 cm

B) 8,0 cm

C) 3,13 cm

D) – 3,33 cm

SOLUTION

Données : C_1 = 20,0 dioptries

C_2 = – 12,0 dioptries

Inconnue : $l_{f\,système}$ = ?

Formule : C = , d'ou $l_f = \dfrac{1}{C}$

Vous trouvez d'abord la vergence du système de lentilles :

$C_{système}$ = C_1 + C_2 = 20,0 dioptries + (– 12,0 dioptries) = 8,0 dioptries.

Ensuite, vous trouvez la distance focale du système :

$$l_{f\,système} = \frac{1}{C_{système}} = \frac{1}{8\,dioptries} = 0,125 \text{ m} = 12,5 \text{ cm.}$$

RÉPONSE

A)

51. ^{E}**(Obj. 4.4 et 4.6) Un système optique est constitué de deux lentilles accolées. Les longueurs focales de ces lentilles sont de 50 cm et de – 40 cm.**

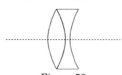

Figure 58

Quelle est la vergence de ce système de lentilles?

A) – 0,50 dioptrie

B) 0,10 dioptrie

C) 4,5 dioptries

D) 10 dioptries

SOLUTION

Données : l_{f_1} = 50 cm = 0,5 m

   l_{f_2} = – 40 cm = – 0,4 m

Inconnue : $C_{système}$ = ?

Formule : $C_T = C_1 + C_2$

Vous trouvez d'abord les vergences des deux lentilles :

$C_1 = \dfrac{1}{l_{f_1}} = \dfrac{1}{0,5\,\text{m}}$ = 2 dioptries,

$C_2 = \dfrac{1}{l_{f_2}} = \dfrac{1}{-0,4\,\text{m}}$ = – 2,5 dioptries.

Ensuite, vous trouvez la vergence du système, c'est-à-dire la vergence totale :

C_T = 2 dioptries + (– 2,5 dioptries) = – 0,5 dioptrie.

RÉPONSE

A)

5 LES IMAGES

Vous devez savoir analyser, à la suite d'expériences, des caractéristiques d'images formées par des appareils optiques en vous référant aux connaissances et aux habiletés acquises au cours de l'étude des phénomènes de la réflexion et de la réfraction de la lumière.

Objectifs intermédiaires	Contenus
5.1	Images formées par une lentille convergente
5.2	Images formées par une lentille divergente
5.3	Relations mathématiques entre des caractéristiques d'images formées par une lentille
5.4	Anomalies de l'œil et leur correction

52. (Obj. 5.1) Pour les trois rayons incidents principaux, c'est-à-dire le rayon parallèle à l'axe principal, le rayon passant par le foyer avant de frapper la lentille et le rayon passant par le centre optique, tracez les directions des rayons réfractés et énoncez les règles de la construction de l'image d'un objet dans une lentille convergente.

RÉPONSE

- Tout rayon incident parallèle à l'axe principal d'une lentille convergente est réfracté en passant par le foyer image.

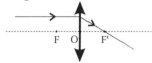

Figure 59

- Tout rayon incident qui passe par le foyer objet avant de frapper la lentille convergente est réfracté parallèlement à l'axe principal.

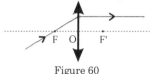

Figure 60

- La réfraction de tout rayon incident qui passe par le centre optique O est nulle, c'est-à-dire qu'il n'est pas dévié.

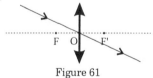

Figure 61

 REMARQUE   Le parcours optique peut être inversé, les lois ne changent pas.

53. (Obj. 5.1) Parmi les schémas suivants, identifiez ceux qui ne respectent pas l'une des trois règles sur la réfraction dans une lentille convergente et spécifiez de quelle règle (quelles règles) il s'agit.

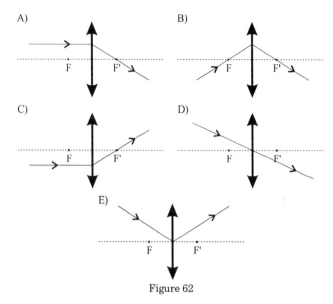

Figure 62

SOLUTION

Référez-vous à la rubrique À retenir dans la solution de la question précédente.

RÉPONSE

B) et E)

1 : la première règle et la deuxième règle ne sont pas respectées.

2 : la troisième règle n'est pas respectée.

54. (Obj. 5.1) En vous servant de la liste des caractéristiques de l'image d'un objet réfracté par une lentille convergente, remplissez le tableau de la page suivante.

Caractéristiques de l'image :

Position : Choix 1 : entre l'infini et 2 l_f

Choix 2 : à 2 l_f

Choix 3 : entre 2 l_f et l_f

Choix 4 : entre l'infini et le foyer objet

Choix 5 : l'image n'existe pas

Nature : Choix 1 : réelle

Sens :   Choix 2 : virtuelle
                 Choix 1 : droit
                 Choix 2 : renversé
Grandeur :   Choix 1 : plus petite que l'objet
                 Choix 2 : égale à l'objet
                 Choix 3 : plus grande que l'objet

Position	Caractéristiques de l'image			
de l'objet	Position	Nature	Sens	Grandeur
entre l'infini et 2 l_f	3	1	1	1
à 2 l_f	2	1	1	2
entre 2 l_f et l_f	1	1	1	3
à l_f				
entre l_f et la lentille	4	2	1	3

SOLUTION

Conseil

Ne mémorisez pas les caractéristiques de l'image d'un objet par rapport à la position de ce dernier. Il suffit de savoir dessiner l'image dans tous les cas possibles et d'en tirer les conclusions.

1er cas : L'objet est situé entre l'infini et 2 l$_f$.

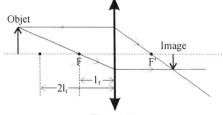

Figure 63

2e cas : L'objet est situé à 2 l$_f$.

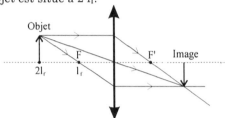

Figure 64

3e cas : L'objet est situé entre 2 l$_f$ et l$_f$.

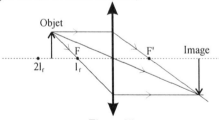

Figure 65

4e cas : L'objet est situé à l$_f$.

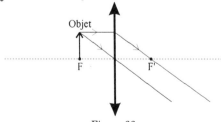

Figure 66

5ᵉ cas : L'objet est situé entre l$_f$ et la lentille.

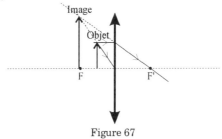

Figure 67

 REMARQUE   En appliquant au moins deux des trois règles, vous obtenez toutes les caractéristiques de l'image en fonction de la position de l'objet.

RÉPONSE

Position	Caractéristiques de l'image			
de l'objet	Position	Nature	Sens	Grandeur
entre l'infini et 2 l$_f$	Choix 3	Choix 1	Choix 1	Choix 1
à 2 l$_f$	Choix 2	Choix 1	Choix 1	Choix 1
entre 2 l$_f$ et l$_f$	Choix 1	Choix 1	Choix 1	Choix 3
à l$_f$	Choix 5			
entre l$_f$ et la lentille	Choix 4	Choix 1	Choix 1	Choix 3

55. [E](Obj. 5.2) **Laquelle des affirmations suivantes est vraie?**

A) L'image formée par une lentille divergente est toujours réelle, renversée et plus petite que l'objet.

B) L'image formée par une lentille divergente est toujours virtuelle, renversée et plus grande que l'objet.

C) L'image formée par une lentille divergente est toujours virtuelle, droite est plus petite que l'objet.

D) L'image formée par une lentille divergente peut être virtuelle, droite et plus grande que l'objet.

SOLUTION

 L'image formée par une lentille divergente est **toujours** virtuelle, droite et plus petite que l'objet (peu importe la position de l'objet). Elle est située du même côté que l'objet par rapport à la lentille.

RÉPONSE

C)

56. ᴱ(Obj. 5.1 et 5.2) Des faisceaux lumineux, s'étant initialement propagés dans l'air, arrivent parallèlement à l'axe principal de quatre différentes lentilles et sont réfractés.

Sur quel schéma ce trajet des faisceaux est-il correctement illustré?

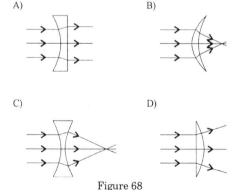

Figure 68

RÉPONSE

C)

57. (Obj. 5.3) Donnez les relations mathématiques entre :

a) l_0, l_i et l_f, pour les lentilles convergentes et divergentes;

b) d_0, d_i et l_f, pour les lentilles convergentes et divergentes;

c) h_0, h_i, l_i et l_f, pour les lentilles convergentes.

SOLUTION

- Il y a quatre équations des lentilles convergentes :

  1. $\dfrac{h_i}{h_0} = \dfrac{l_f}{l_0} = \dfrac{l_i}{l_f}$

  2. $l_i\, l_0 = l_f^2$

  3. $\dfrac{1}{d_0} + \dfrac{1}{d_i} = \dfrac{1}{l_f}$

  4. $G = \dfrac{h_i}{h_0}$.

- Signes conventionnels pour les lentilles convergentes :

  1. La distance focale (l_f) est toujours positive.

  2. Les distances d'un objet (d_0 et l_0) sont toujours positives.

  3. Les distances (d_i et l_i) sont positives dans le cas d'une image réelle et négatives dans le cas d'une image virtuelle.

- Il y a quatre équations d'une lentille divergente :

  1. $\dfrac{h_i}{h_0} = -\dfrac{l_f}{l_0}$

  2. $l_i\, l_0 = -l_f^2$

  3. $\dfrac{1}{d_0} + \dfrac{1}{d_i} = \dfrac{1}{l_f}$

4. $G = \dfrac{h_i}{h_0}$.

• Signes conventionnels pour une lentille divergente :

1. La distance focale (l_f) est toujours négative.

2. Les distances d'un objet (d_0 et l_0) sont toujours positives.

3. Les distances d'une image (d_i et l_i) sont toujours négatives.

RÉPONSE

a) $l_i \, l_0 = l_f^2$ pour une lentille convergente

$l_i \, l_0 = -l_f^2$ pour une lentille divergente

b) $\dfrac{1}{d_0} + \dfrac{1}{d_i} = \dfrac{1}{l_f}$ pour les deux types de lentilles

c) $\dfrac{h_i}{h_0} = \dfrac{l_i}{l_f}$ pour une lentille convergente

$\dfrac{h_i}{h_0} = -\dfrac{l_i}{l_f}$ pour une lentille divergente

58. [E](**Obj. 5.3**) **Lors d'une expérience portant sur les lentilles convergentes, quatre équipes ont déterminé les distances présentées dans le tableau ci-dessous.**

Équipe	DISTANCE	
	Objet – lentille, d_0 (m)	Image – lentille, d_i (m)
1	0,90	0,45
2	0,60	0,30
3	1,20	0,60
4	2,00	0,50

Deux équipes avaient chacune une lentille convergente de même longueur focale.

Quelles sont ces équipes?

A) 1 et 2

B) 1 et 3

C) 2 et 4

D) 3 et 4

SOLUTION

Pour trouver la distance focale, vous appliquez l'équation

$$\frac{1}{d_0} + \frac{1}{d_i} = \frac{1}{l_f} .$$

1re équipe $\quad \dfrac{1}{0,90\,m} + \dfrac{1}{0,45\,m} = \dfrac{1}{l_f}$, d'où $l_f = 0,3$ m

2e équipe $\quad \dfrac{1}{0,60\,m} + \dfrac{1}{0,30\,m} = \dfrac{1}{l_f}$, d'où $l_f = 0,2$ m

3e équipe $\quad \dfrac{1}{1,20\,m} + \dfrac{1}{0,60\,m} = \dfrac{1}{l_f}$, d'où $l_f = 0,4$ m

4e équipe $\quad \dfrac{1}{2,00\,m} + \dfrac{1}{0,50\,m} = \dfrac{1}{l_f}$, d'où $l_f = 0,4$ m

RÉPONSE

D)

59. ^{E}(Obj. 5.3) Un objet est placé à 30 cm d'une lentille mince convergente et son image réelle est située à 60 cm de la lentille.

On veut ramener l'image à 30 cm de la lentille sans changer la position initiale de l'objet. Pour ce faire, on ajoute une deuxième lentille à la première. Quelle sera la longueur focale de la deuxième lentille?

SOLUTION

Données : $d_0^{(1)} = 30$ cm $= 0,30$ m (distance objet-lentille)

$\qquad\qquad d_i^{(1)} = 60$ cm $= 0,60$ m (distance image-lentille)

$d_0^{(t)}$ = 30 cm = 0,30 m (distance objet-système de deux lentilles)

$d_i^{(t)}$ = 30 cm = 0,30 m (distance image-système de deux lentilles)

Inconnue : $l_f^{(2)}$ = ? (distance focale de la deuxième lentille)

Formule : $C_t = C_1 + C_2$, où $C = \dfrac{1}{l_f}$

Pour appliquer cette formule, vous devez connaître les distances focales de la première lentille et du système de deux lentilles.

1re étape. Vous calculez la distance focale de la première lentille à l'aide de la formule :

$$\frac{1}{d_0^{(1)}} + \frac{1}{d_i^{(1)}} + \frac{1}{l_f^{(1)}} .$$

Vous avez

$$\frac{1}{0,30\,m} + \frac{1}{0,60\,m} = \frac{1}{l_f^{(1)}} ,$$

d'où $l_f^{(1)}$ = 0,20 m.

Alors la vergence de cette lentille est C_1 = 5 dioptries.

2e étape. Vous calculez la distance focale du système de deux lentilles à l'aide de la formule :

$$\frac{1}{d_0^{(t)}} + \frac{1}{d_i^{(t)}} + \frac{1}{l_f^{(t)}} .$$

Vous avez

$$\frac{1}{0,30\,m} + \frac{1}{0,30\,m} = \frac{1}{l_f^{(t)}} ,$$

d'où $l_f^{(t)}$ = 0,15 m.

Alors la vergence du système de deux lentilles est $C_t = \frac{20}{3}$ dioptries.

Ensuite, vous trouvez la vergence de la deuxième lentille.

$C_2 = C_t - C_1 = \frac{20}{3}$ dioptries – 5 dioptries = $\frac{5}{3}$ dioptries, d'où $l_f^{(2)}$ = $\frac{3}{5}$ m = 60 cm.

RÉPONSE

$l_f^{(2)} = 60$ cm

60. [E](Obj. 5.3) **La lentille convergente d'un projecteur à diapositives a une longueur focale de 10,0 cm. Cette lentille est placée à 4,10 m d'un écran vertical.**

On insère une diapositive dans le projecteur et on ajuste la lentille de manière à obtenir une image nette sur l'écran. À quelle distance de la diapositive se trouve alors la lentille?

A) $2,50 \times 10^{-1}$ cm

B) $1,00 \times 10^{1}$ cm

C) $1,03 \times 10^{1}$ cm

D) $2,38 \times 10^{1}$ cm

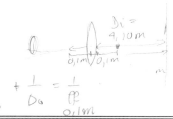

SOLUTION

> REMARQUE On remarque ici que l'écran recevra l'image, donc la distance image-lentille correspond à d_i. La diapositive est un objet, donc la distance diapositive-lentille correspond à d_0.

Données : $l_f = 10$ cm $= 0,10$ m

$d_i = 4,10$ m

Inconnue : $d_0 = ?$

Formule : $\dfrac{1}{d_0} + \dfrac{1}{d_i} = \dfrac{1}{l_f}$

Calcul :

$$\frac{1}{d_0} = \frac{1}{l_f} - \frac{1}{d_i} = \frac{1}{0,10\,\text{m}} - \frac{1}{4,10\,\text{m}} = \frac{400}{41\,\text{m}}$$

D'où $d_0 = 0,1025$ m $= 10,25$ cm $= 1,025 \times 10$ cm $\approx 1,03 \times 10^{1}$ cm.

RÉPONSE

C)

61. [E](Obj. 5.3) **La hauteur d'un objet est de 2,0 cm; celle de son image, formée par une lentille mince convergente, est**

quatre fois plus grande. La longueur focale de la lentille est de 12 cm.

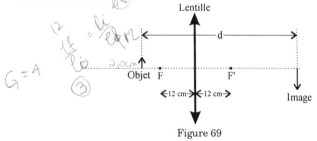

Figure 69

Quelle est la distance, d, entre l'objet et son image?

SOLUTION

Données : $h_0 = 2$ cm $= 0,02$ m

$h_i = 4 \times 2$ cm $= 8$ cm $= 0,08$ m

$G = 4$

$l_f = 12$ cm $= 0,12$ m

Inconnue : $d = ?$ (distance objet–image)

Formule : $d = l_0 + 0,12$ m $+ 0,12$ m $+ l_i$

Calcul :

1re étape. Calcul de l_0 à l'aide de la formule :

$$\frac{h_i}{h_0} = \frac{l_f}{l_0}.$$

Vous trouvez

$$l_0 = \frac{h_0\, l_f}{h_i} = \frac{0,02\,\text{m} \times 0,12\,\text{m}}{0,08\,\text{m}} = 0,03 \text{ m}.$$

REMARQUE Vous pouvez obtenir le même résultat en appliquant la formule :

$$G = \frac{l_f}{l_0},$$

d'où

$$l_0 = \frac{l_f}{G} = \frac{0,12 \, m}{4} = 0,03 \, m.$$

2e étape. Calcul de l_i à l'aide de la formule :

$$\frac{h_i}{h_0} = \frac{l_i}{l_f}.$$

Vous trouvez

$$l_i = \frac{h_i \, l_f}{h_0} = \frac{0,08 \, m \times 0,12 \, m}{0,02 \, m} = 0,48 \, m.$$

 REMARQUE   Vous pouvez obtenir le même résultat en appliquant la formule :

$$G = \frac{l_i}{l_f},$$

d'où

$$l_i = G \times l_f = 4 \times 0,12 \, m = 0,48 \, m.$$

Ainsi

d = 0,03 m + 0,12 m + 0,12 m + 0,48 m = 0,75 m = 75 cm.

RÉPONSE

d = 75 cm

62. (Obj. 2.10) Un objet d'une hauteur de 12 cm est placé à 20 cm d'une lentille divergente ayant une distance focale de – 40 cm.

a) Trouvez la distance image-lentille.

b) Quel est l'agrandissement?

SOLUTION

    Pour une lentille divergente, l'image d'un objet est toujours virtuelle, donc les paramètres d_i et l_i sont négatifs. Le foyer étant lui aussi virtuel, la distance focale l_f est négative.

Données : $h_0 = 12$ cm

$d_0 = 20$ cm

$l_f = -40$ cm

a)   Inconnue : $d_i = ?$

Formule : $\dfrac{1}{d_0} + \dfrac{1}{d_i} = \dfrac{1}{l_f}$

D'après cette formule, vous trouvez :

$$\frac{1}{d_i} = \frac{1}{l_f} - \frac{1}{d_0} = -\frac{1}{40\,cm} - \frac{1}{20\,cm} = -\frac{6}{80\,cm}.$$

D'où $d_i = -\dfrac{40\,cm}{3} = -13,3$ cm.

b)   Inconnue : $G = ?$

Formule : $G = -\dfrac{l_f}{l_0}$

Pour appliquer cette formule, vous devez d'abord trouver l_0 :

$l_0 = d_0 - l_f = 20$ cm $- (-40$ cm$) = 60$ cm.

Ensuite, vous calculez G :

$$G = -\frac{-40\,cm}{60\,cm} = 0,7.$$

RÉPONSE

a) $d_i = -13,3$ cm

b) $G = 0,7$

63. (Obj. 5.4) Associez les schémas correspondant à un œil myope et à un œil hypermétrope.

A)

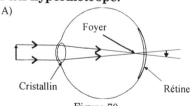

Figure 70

B)

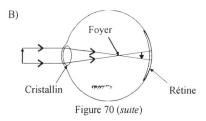

Foyer

Cristallin   Rétine

Figure 70 (*suite*)

SOLUTION

- Pour l'œil myope, l'image est formée en avant de la rétine, car l'œil est trop long.
- Pour l'œil hypermétrope, l'image est formée derrière la rétine, car l'œil est plus court.

L'image formée par la lentille de l'œil est toujours renversée et réelle.

RÉPONSE

Un œil myope correspond au schéma B.

Un œil hypermétrope correspond au schéma A.

64. E(Obj. 5.4) Le schéma ci-dessous illustre une anomalie de l'œil, la myopie.

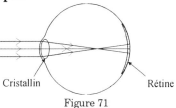

Cristallin   Rétine

Figure 71

Pour corriger cette myopie, on utilise généralement une lentille correctrice. Parmi les lentilles illustrées, laquelle doit-on utiliser?

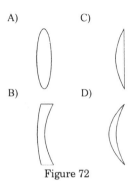

Figure 72

SOLUTION

On corrige la myopie à l'aide d'une lentille divergente, car la lentille divergente « repousse » la l_f du cristallin et éloigne l'image nette.

RÉPONSE

B)

65. (Obj. 5.4) Associez le nom de l'anomalie de l'œil avec le type de lentille qui la corrige.

L'anomalie de l'œil	Le type de la lentille
I La myopie	A) Une lentille convergente
II L'hypermétropie	B) Une lentille divergente
III La presbytie	C) Une lentille cylindrique
IV L'astigmatisme	

SOLUTION

I   B)

II   A)

III A)

IV   C)

MODULE

II

PHÉNOMÈNES MÉCANIQUES

Ce module a pour but d'investiguer, à l'aide de la méthode scientifique, le mouvement d'objets présents dans l'environnement, d'en découvrir les causes et de comprendre les phénomènes mécaniques qui y sont reliés.

LES MOUVEMENTS

Vous devez savoir décrire des mouvements d'objets ou d'organismes qu'il a explorés au moyen de ses sens.

Objectifs intérmédiaires	Contenus
1.1	Types de mouvements d'objets ou d'organismes observés dans l'environnement et en laboratoire
1.2	Trajectoires d'objets en mouvement
1.3	Mouvements non directement observables visuellement
1.4	Mouvement non directement observable avec les sens
1.5	Représentation de la trajectoire d'un objet en mouvement observée de différents endroits
1.6	Représentation vectorielle des déplacements d'un objet

1. (Obj. 1.1 et 1.2) Associez correctement les notions avec leurs descriptions.

1. **Le trajet**
2. **La trajectoire**
3. **La distance**

A) La ligne aecrite par l'objet lors de son mouvement.

B) La longueur du segment qui joint le point de départ avec le point d'arrivée.

C) La longueur de la trajectoire

SOLUTION

- La **trajectoire** est la ligne décrite par un point matériel en mouvement.
- Le **trajet** est la mesure de la longueur de la trajectoire.
- La **distance** est la longueur du segment qui joint deux points.

RÉPONSE

1 et B), 2 et C), 3 et A)

2. (Obj. 1.1 et 1.2) Voici quelques trajectoires de différents mobiles. Identifiez-les (rectiligne, circulaire, curviligne, quelconque).

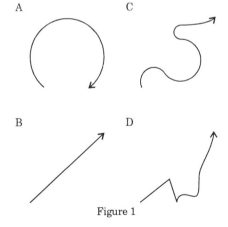

Figure 1

SOLUTION

Un objet qui se déplace selon une ligne droite décrit une trajectoire rectiligne. La figure B représente donc une trajectoire rectiligne. Par contre, la figure D, bien qu'elle comprenne une partie rectiligne, n'est pas rectiligne.

Un objet qui se déplace selon un cercle ou un arc de cercle décrit une trajectoire circulaire. La figure A en est un exemple.

Finalement, il vous reste à distinguer la trajectoire curviligne de la trajectoire quelconque. Prenez d'abord le cas de la trajectoire curviligne. Premièrement, il faut que la trajectoire ne possède aucune forme régulière comme c'est le cas des figures A et B. En plus, la trajectoire doit décrire une courbe, donc vous ne pouvez tolérer aucun pic, ce qui est le cas de la figure D. La figure C est donc un exemple de la trajectoire curviligne. Toutes les autres trajectoires qui ne satisfont aucune des conditions précédentes sont des trajectoires quelconques. La figure D en est un exemple.

RÉPONSE

A) circulaire B) rectiligne C) curviligne D) quelconque

3. (Obj. 1.1 et 1.2) Pour chacun des mobiles ci-dessous, identifiez la trajectoire.
a) **Une feuille de papier qu'on laisse tomber**
b) **Un marteau qu'on laisse tomber**
c) **Une personne qui monte les escaliers mobiles**
d) **Une personne qui monte les escaliers**
e) **Un obus tiré à partir d'un canon**
f) **Un pendule en mouvement**
g) **La Terre en mouvement autour du Soleil**

SOLUTION

 • Certaines trajectoires s'apparentent aux trajectoires circulaires même si elles ne le sont pas. Par exemple, le mouvement de la Terre autour du Soleil n'est pas de forme circulaire mais elliptique, donc curviligne.

- Même si un objet décrit une partie d'un cercle (comme dans le cas d'un pendule), on parle de la trajectoire circulaire.

RÉPONSE

a) quelconque   b) rectiligne   c) rectiligne   d) quelconque
e) curviligne   f) circulaire   g) curviligne

4. (Obj. 1.3) Pour chaque situation, marquez le sens, à part la vue, qui vous permet de détecter le mouvement.

a) **Vous pouvez prédire l'approche ou l'éloignement d'une voiture sur la rue.**

   ☐ l'ouïe ☐ le toucher ☐ l'odorat ☐ le goût

b) **Vous demeurez à 300 m à l'est d'une entreprise qui produit des chocolats et un jour vous devinez le sens du vent.**

   ☐ l'ouïe ☐ le toucher ☐ l'odorat ☐ le goût

c) **Vous avez constaté la présence d'un poisson au bout d'une ligne.**

   ☐ l'ouïe ☐ le toucher ☐ l'odorat ☐ le goût

SOLUTION

La vue est le sens par lequel on aperçoit les objets, la fonction visuelle assurée par nos yeux. Nos oreilles, elles, sont responsables de la perception des sons par notre sens nommé l'ouïe. Le toucher est le sens qui nous permet de reconnaître, entre autres, la forme extérieure des objets par contacts directs. Le goût est le sens qui permet de distinguer la saveur des substances; chez l'humain, ce sont les papilles gustatives de la langue qui sont responsables de cette fonction. L'odorat est le sens qui permet la perception des odeurs; chez l'humain, cette fonction est assurée par une zone sensible des fosses nasales, la tache olfactive. La vue, l'ouïe et le toucher sont des sens physiques tandis que le goût et l'odorat sont des sens chimiques.

RÉPONSE

a) l'ouïe; b) l'odorat; c) le toucher

5. (Obj. 1.4) Identifiez les appareils qui sont utilisés pour détecter un mouvement et pour ces derniers décrivez la fonction de chacun.

☐ Téléphone

☐ Télescope

☐ Thermomètre

☐ Microscope

☐ Endoscope

☐ Oscilloscope

☐ Radar

RÉPONSE

Appareil	Fonction
Télescope	Observation du mouvement des astres
Microscope	Observation du mouvement des êtres microscopiques
Endoscope	Observation du mouvement des organes internes
Radar	Évaluation de la vitesse des automobiles Localisation d'un avion en mouvement

6. **E(Obj. 1.5)** Dominique, assis près de la voie ferrée, voit des wagons se déplacer à vitesse constante vers sa droite. Soudain, sur l'un des wagons passant devant lui, il voit une personne lancer un boulon de métal tout droit vers le haut.

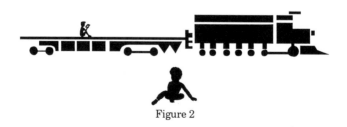

Figure 2

Quelle trajectoire du boulon Dominique voit-il? (Négligez la résistance de l'air.)

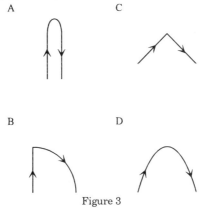

Figure 3

SOLUTION

Lorsqu'une personne qui se trouve près d'un train lance une balle vers le haut, tout passager du train perçoit la trajectoire du mouvement de la balle comme une ligne droite. Par contre, une personne qui est à l'extérieur perçoit la trajectoire du mouvement de la balle comme une courbe.

Les deux observations sont justes. D'où vient cette distinction?

Une personne qui a lancé la balle et cette balle sont simultanément en mouvement, à cause du mouvement du train. La balle pour Dominique a alors deux mouvements :

– vertical (le lancement vers le haut);

– horizontal (le mouvement du train).

La trajectoire curviligne observée par Dominique vient donc de la superposition de ces deux mouvements.

RÉPONSE

D)

7. (Obj. 1.5) Trois observateurs regardent le mouvement d'un pendule de trois positions différentes.

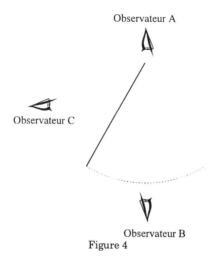

Figure 4

L'observateur A est situé au-dessus du pendule.

L'observateur B est situé devant le pendule.

L'observateur C est situé à côté du pendule.

Décrivez la trajectoire perçue par chacun des observateurs.

RÉPONSE

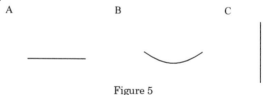

Figure 5

8. (Obj. 1.6) Quel énoncé décrit correctement un déplacement d'un mobile?

A) Un déplacement d'un mobile du point A au point B est la distance entre ces deux points.

B) Un déplacement d'un mobile est la distance parcourue par ce mobile.

C) Un déplacement d'un mobile représente une variation rectiligne et orientée de la position du mobile.

D) Un déplacement d'un mobile du point A au point B représente le segment entre ces deux points.

SOLUTION

Le **déplacement** représente une variation rectiligne et orientée de la position d'un corps.

RÉPONSE

C)

9. (Obj. 1.7) Voici le schéma du quartier où habite Marie.

Un soir, Marie est allée au cinéma.

a) Tracez en pointillé la trajectoire qui représente le mouvement de Marie de sa maison au cinéma.

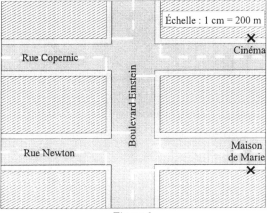

Figure 6

b) Tracez la flèche représentant le déplacement de Marie de sa maison au cinéma.

c) Tracez la flèche qui représente le déplacement de Marie du cinéma à sa maison.

d) Trouvez la distance parcourue entre la maison de Marie et le cinéma.

e) Trouvez la grandeur du déplacement effectué de sa maison au cinéma. Est-elle différente de celle du déplacement du cinéma à sa maison?

f) Trouvez l'orientation du déplacement de sa maison au cinéma. Est-elle différente de celle du déplacement du cinéma à sa maison (sinon évaluez-la)?

RÉPONSE

a), b), c)

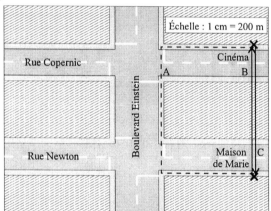

Figure 7

d)   1740 m

e)   680 m, non

f)   Vers le nord, vers le sud

Le déplacement est une quantité physique orientée. Alors, même si deux déplacements ont la même grandeur, ils peuvent avoir des orientations différentes.

---

10. (Obj. 1.6) Une auto parcourt 20 km vers le nord, puis 15 km à 40° au sud de l'ouest et enfin, 8 km à 75° au nord de l'est.

a) Quelle est la grandeur et l'orientation du déplacement de cette auto?

b) Quelle est la distance totale parcourue par cette auto?

SOLUTION

- Il y a trois façons plus convenables pour désigner l'orientation des vecteurs.

  – Selon un plan cartésien (en mathématique)

  Exemple :

  Orientation : 290°

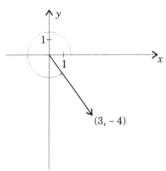

Figure 8

  – Selon la navigation (basée sur les points cardinaux)

  Exemple :

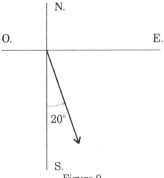

Figure 9

Orientation : à 20° à l'est du sud ou à 70° au sud de l'est.

– Selon un point de repère et un axe fixe

Exemple :

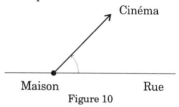

Figure 10

Orientation : 45° par rapport à la rue.

- La **méthode du polygone** consiste à tracer les vecteurs bout à bout en gardant leurs grandeurs et leurs orientations. Le vecteur somme, c'est-à-dire la résultante de vecteurs donnés est le vecteur ayant l'origine à l'origine du premier vecteur et l'extrémité à l'extrémité du dernier vecteur.

Pour trouver la solution, utilisez les points cardinaux et la méthode du polygone de l'addition de vecteurs.

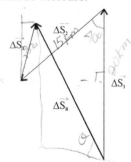

Échelle : 1 cm = 5 km

Figure 11

RÉPONSE

a)   20,4 m à 62° au nord de l'ouest

b)   43 m

11. (Obj. 1.6) Un avion se déplace de 80 km à 120°; ensuite, il change de cap et fait 60 km à 180°. Enfin, il change sa trajectoire pour la troisième fois en franchissant 20 km à 280°. Quelles sont la grandeur, l'orientation de son déplacement et la distance totale parcourue par l'avion?

A) Grandeur du déplacement : 160 km; Orientation : 152°; Distance parcourue : 109 km.

B) Grandeur du déplacement : 109 km; Orientation : – 28°; Distance parcourue : 160 km.

C) Grandeur du déplacement : 109 km; Orientation : 152°; Distance parcourue : 160 km.

D) Grandeur du déplacement : 160 km; Orientation : – 28°; Distance parcourue : 109 km.

SOLUTION

Pour trouver la solution, utilisez le plan cartésien et utilisez la méthode du polygone de l'addition vectorielle.

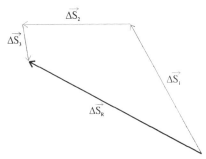

Échelle : 1 cm = 20 km

Figure 12

RÉPONSE

C)

LES FORCES

Vous devez savoir analyser des effets de force que vous ressentez ou qui agissent sur des objets de votre environnement

Objectifs intermédiaires	Contenus
2.1	Notion de force
2.2	Causes et effets d'une force
2.3	Force équilibrante d'un système de forces
2.4	Déformation d'une substance élastique
2.8	Analyse des effets de force en exercices numériques

12. (Obj. 2.1) Remplissez les espaces vides dans le texte ci-dessous avec les mots et les symboles clés : déformer, N, $\vec{F}$, orientation, système de forces, équilibrer, grandeur, modifier, vectorielle.

Une force est une quantité .... Elle est déterminée en .... et en .... On la symbolise par la lettre .... et on l'exprime en .... Une force peut .... un corps de façon temporaire ou permanente, elle peut également .... le mouvement d'un corps ou .... une autre force. Lorsqu'on fait référence à un ensemble de forces qui agissent simultanément sur un même corps, on parle de (du, de la) ....

RÉPONSE

Une force est une quantité **vectorielle**. Elle est déterminée en **orientation** et en **grandeur** On la symbolise par la lettre $\vec{F}$ et on l'exprime en **N** (newtons).

Une force peut **déformer** un corps de façon temporaire ou permanente, elle peut également **modifier** le mouvement d'un corps ou **équilibrer** une autre force (1e loi de Newton).

Lorsqu'on fait référence à un ensemble de forces qui agissent simultanément sur un même corps, on parle du **système de forces**.

13. (Obj. 2.2) Voici le tableau des effets différents produits par une force (1re colonne) et des exemples de ces effets (2e colonne). Associez chacun des exemples à l'un ou l'autre des deux effets décrits dans la première colonne.

Effets d'une force	Exemples
1. Une déformation d'un corps	A) Un moteur qui fait avancer une automobile
2. Modification du mouvement d'un corps	B) Une balle de tennis qui est frappée par un joueur
	C) Les traces de pas dans la neige
	D) Un ressort qui s'allonge suite à la suspension d'un objet
	E) Un objet qu'on déplace
	F) Une poutre chargée sous le poids

| | G) Un citron qui est pressé |
| | H) Un ballon qui est gonflé |

RÉPONSE

1. C) D) F) G) H)
2. A) B) E)

14. (Obj. 2.3) Quel énoncé décrit le mieux la force résultante et lequel décrit le mieux la force équilibrante?

A) **La force qui maintient une vitesse constante d'un corps.**

B) **La force qui change l'orientation du déplacement d'un objet.**

C) **La force égale en grandeur et en direction à la résultante mais de sens opposé.**

D) **La force la plus grande en grandeur du système de forces agissant sur un corps.**

E) **La force unique qui produirait le même effet que le système de forces agissant simultanément**

SOLUTION

- La force résultante est une force unique qui produirait le même effet que le système de forces agissant simultanément.
- La force équilibrante est une force égale en grandeur et en direction à la résultante mais de sens opposé.

RÉPONSE

La force résultante : E)

La force équilibrante : C)

15. (Obj. 2.3) Tracez la résultante des systèmes de forces suivantes :

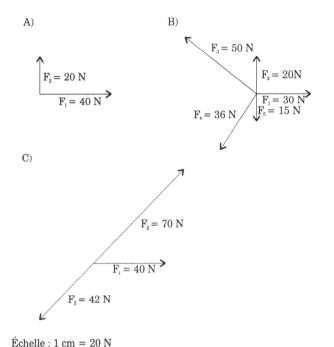

Échelle : 1 cm = 20 N

Figure 13

SOLUTION

 La notation : F = 20 N signifie que la grandeur du vecteur $\vec{F}$ est de 20 N.

Pour tracer la résultante du système de forces, on place les vecteurs à la queue leu leu (le début de l'un sur l'extrémité de l'autre).

À chaque point de rencontre, vous devez avoir l'origine d'un vecteur et l'extrémité de l'autre. À la fin de l'opération, on trace le vecteur reliant l'origine du premier vecteur à l'extrémité du dernier.

RÉPONSE

A)   B)

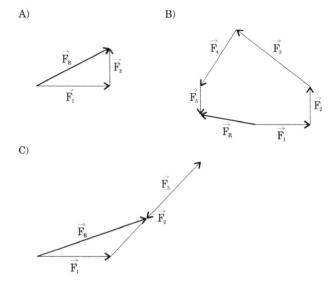

C)

Échelle : 1 cm = 20 N

Figure 14

16. (Obj. 2.3) Deux hommes tirent un arbre prêt à tomber. Le premier tire avec une force de 100 N et l'autre, de 60 N. L'angle entre eux est de 60°. Quelle force unique remplacerait ces deux forces?

A) 100 N

B) 160 N

C) 140 N

D) 40 N

SOLUTION

C'est la force résultante qu'on cherche en additionnant deux forces données.

N'oubliez pas de choisir une échelle raisonnable (par exemple 1 cm = 10 N).

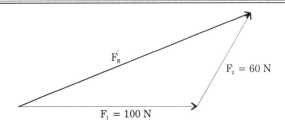

Échelle : 1 cm = 20 N

Figure 15

RÉPONSE

C)

17. ^{E}(Obj. 2.3) **Le graphique ci-dessous illustre quatre forces agissant sur un chariot pouvant se déplacer dans toutes les directions.**

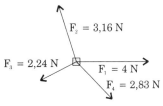

Échelle : 1 cm = 2 N

Figure 16

Quelle est la force équilibrante de ce système?

A) $\vec{F}_E$ = 3,00 N à 0°

B) $\vec{F}_E$ = 3,00 N à 180°

C) $\vec{F}_E$ = 12,2 N à 0°

D) $\vec{F}_E$ = 12,2 N à 180°

SOLUTION

1re étape : En utilisant la méthode du polygone vous trouvez la résultante $\vec{F}_R$ du système de forces qui agissent sur le chariot.

2e étape : Vous tracez le vecteur $\vec{F}_E$ opposé au vecteur $\vec{F}_R$, c'est-à-dire l'équilibrante de ce système de forces.

3e étape : Vous trouvez la grandeur et l'orientation de la force $\vec{F}_E$.

Échelle : 1 cm = 2 N
Figure 17

RÉPONSE

B)

18. (Obj. 2.3) Un objet de 10 kg est suspendu à un dynamomètre à l'aide de deux autres dynamomètres accrochés à une tige horizontale faisant chacun un angle de 30° avec l'horizontale. Qu'indiquent les deux dynamomètres accrochés à la tige?

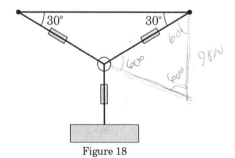

Figure 18

SOLUTION

 Sur la Terre, on calcule le poids d'un objet en multipliant sa masse par le facteur $9,8 \; \mathrm{N/kg}$.

Lorsqu'un objet soumis à trois forces est au repos (immobile), alors le poids de cet objet, c'est-à-dire la force $\vec{F_3}$ telle que $F_3 = 10 \text{ kg} \times 9,8 \; \mathrm{N/kg} = 98 \text{ N}$, est équilibré par deux forces $\vec{F_1}$ et $\vec{F_2}$ indiquées par deux dynamomètres accrochés à la tige (voir la figure 19).

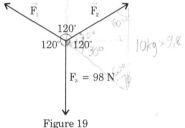

Figure 19

Entre chaque paire de forces, on trouve un angle de 120°. Parce que le corps est immobile, la somme de toutes les forces est nulle. Ces trois forces constituent graphiquement un triangle équilatéral (voir la figure 20), alors elles sont de même grandeur, c'est-à-dire $F_1 = F_2 = 98 \text{ N}$.

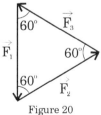

Figure 20

RÉPONSE

Les deux dynamomètres indiquent les forces de la même grandeur, soit 98 N.

19. (Obj. 2.3) Un objet est suspendu et retenu par deux cordes de la façon indiquée à la figure 21. Trouvez la tension dans chaque corde.

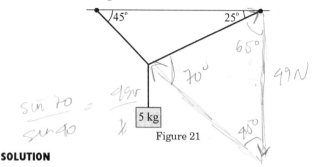

$\dfrac{\sin 70}{\sin 40} = \dfrac{49r}{x}$

5 kg

Figure 21

SOLUTION

Dans le problème précédent, le triangle que formaient les trois forces était équilatéral. Ici, les trois forces forment un triangle scalène. Vous pouvez résoudre ce problème dans les étapes suivantes :

1re étape : Tracez $\vec{F}_g$ à l'échelle;

2e étape : Tracez $\vec{F}_1$ (longueur inconnue) à 25° au bout de $\vec{F}_g$;

3e étape : Puisque le système est en équilibre l'extrémité de la force $\vec{F}_2$ arrivera à l'origine de $\vec{F}_g$; pour fermer le triangle dont les angles sont : 45°, 90° – 25° = 65° et 180° – 45° – 65° = 70° (voir la figure 22);

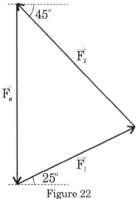

Figure 22

4e étape : Mesurez $\vec{F}_1$ et $\vec{F}_2$ à l'échelle.

D'après le schéma : $F_1 = 38$ N et $F_2 = 46$ N.

RÉPONSE

$F_1 = 38$ N

$F_2 = 46$ N

20. (Obj. 2.3) Dessinez les systèmes de forces et trouvez dans chaque cas l'équilibrante.

système	$\vec{F}_1$	$\vec{F}_2$	$\vec{F}_3$
A	2 N à 90°	3,5 N à 125°	0 N
B	1,2 N à 0°	2,6 N à 120°	3,5 N à 15°
C	3 N à 180°	3 N à 130°	3 N à 5°

RÉPONSE

A)   B)

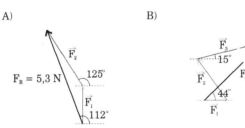

C)

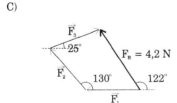

Échelle : 1 cm = 2 N

Figure 23

système A	F_E = 5,3 N, orientation 292°
système B	F_E = 4,6 N, orientation 223°
système C	F_E = 4,2 N, orientation 302°

21. (Obj. 2.3) Trouvez la grandeur et l'orientation de la résultante et de l'équilibrante du système de forces illustré ci-dessous par la méthode des composantes.

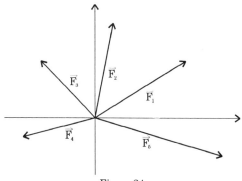

Figure 24

SOLUTION

La méthode des composantes consiste à projeter les vecteurs sur les axes des x (horizontale) et des y (verticale). Pour trouver ses composantes, il suffit de tracer une perpendiculaire à l'axe des x et l'autre à l'axe des y en partant de l'extrémité du vecteur. Il suffit donc de trouver les coordonnées F_x et F_y de l'extrémité du vecteur $\vec{F}$. Vous dressez ensuite le tableau des composantes verticales et horizontales de chacune des forces concourantes. À la fin vous trouvez la somme des composantes horizontales, et la somme des composantes verticales qui sont en même temps les composantes de la résultante.

$\vec{F}$	$F_x(N)$	$F_y(N)$
$\vec{F}_1$	10	6
$\vec{F}_2$	2	10
$\vec{F}_3$	– 6	6
$\vec{F}_4$	– 8	– 2
$\vec{F}_5$	14	– 4
$\vec{F}_R$	12	16

- Pour trouver la grandeur d'une force $\vec{F}$ dont les composantes sont F_x et F_y, vous appliquez la formule

  $$F = \sqrt{F_x^2 + F_y^2}\,.$$

- Pour donner l'orientation d'une force $\vec{F}$ dont les composantes sont F_x et F_y, vous cherchez un angle θ tel que

  $$\cos\theta = \frac{F_x}{F} \quad \text{et} \quad \sin\theta = \frac{F_y}{F}\,.$$

La grandeur de la résultante $\vec{F}_R$ est donc

$$F_R = \sqrt{(12\text{ N})^2 + (16\text{ N})^2} = 20\text{ N},$$

et son orientation est donnée par l'angle θ tel que

$\cos\theta_1 = \frac{12}{20} = \frac{3}{5}$ et $\sin\theta_1 = \frac{16}{20} = \frac{4}{5}$.

Vous trouvez alors $\theta = 53°$.

L'équilibrante étant la force opposée à la résultante, elle est une force de même grandeur. Ses composantes sont les opposées des composantes de la résultante. Ainsi, $\vec{F}_E = (-12, -16)$.

L'orientation de l'équilibrante est alors donnée par un angle θ_1 tel que

$\cos\theta_1 = -\frac{12}{20} = -\frac{4}{5}$ et $\sin\theta_1 = -\frac{16}{20} = -\frac{4}{5}$,

donc un angle de troisième quadrant. Ainsi, $\theta_1 = 233°$

REMARQUE Si l'orientation d'une force $\vec{F}$ est donnée par un angle θ et l'orientation de la force opposée à $\vec{F}$ est donnée par l'angle θ_1, alors $|\theta_1 - \theta| = 180°$.

RÉPONSE

$\vec{F}_R$ = 20 N à 53°

$\vec{F}_E$ = 20 N à 233°

22. (Obj. 2.3) Parmi les systèmes de forces suivants, identifiez celui qui ne représente pas un état d'équilibre de translation.

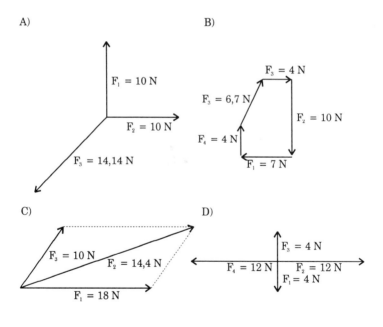

Échelle : 1 cm = 5 N

Figure 25

SOLUTION

Le système de forces est en équilibre de translation lorsque la résultante de ce système est nulle.

- Tout système qui donne un polygone de force fermé (comme B) est un système en équilibre de translation.

- Si on utilise la méthode des composantes, un système est en équilibre de translation si $R_x = R_y = 0$ N (comme A et D).

En utilisant l'une ou l'autre méthode vous constatez que seul le système en C ne représente pas un état d'équilibre de translation.

RÉPONSE

C)

23. (Obj. 2.4) **Remplissez les espaces vides avec les mots et les expressions clés : l'allongement, proportionnelle, au repos, la pente, élastique, F = k l.**

Une déformation est .... lorsque l'objet déformé reprend sa forme initiale quand cesse la force appliquée. Hooke a énoncé la loi qui stipule qu'une déformation élastique est directement .... à la force appliquée. Ce qui donne la relation .... La constante de rappel (k) est .... du graphique de la force en fonction de .... du ressort. La longueur d'un ressort étiré est sa longueur .... plus l'allongement.

RÉPONSE

Une déformation est **élastique** lorsque l'objet déformé reprend sa forme initiale quand cesse la force appliquée. Hooke a énoncé la loi qui stipule qu'une déformation élastique est directement **propor-**

tionnelle à la force appliquée. Ce qui donne la relation **F = k l** . La constante de rappel (k) est **la pente** du graphique de la force en fonction de **l'allongement** du ressort. La longueur d'un ressort étiré est sa longueur **au repos** plus l'allongement.

24. (Obj. 2.4) Calculez les constantes de rappel pour les ressorts suivants.

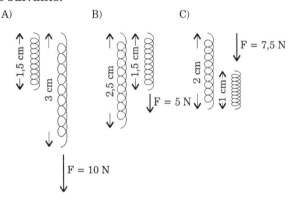

Échelle : 1 cm = 10 N

Figure 26

SOLUTION

Il faut appliquer la formule F = k l, qui est équivalente à la formule $k = \dfrac{F}{l}$.

 N'oubliez pas que dans la formule F = k l, «l» représente l'allongement d'un ressort, c'est-à-dire l'écart entre la longueur du ressort étiré et celle en état de repos (et non la longueur du ressort).

Pour A) $k = \dfrac{10 \text{ N}}{3 \text{ cm} - 1,5 \text{ cm}} = \dfrac{10 \text{ N}}{1,5 \text{ cm}} = 6,7 \ ^{\text{cm}}\!/_{\text{N}}$

Pour B) $k = \dfrac{5 \text{ N}}{2,5 \text{ cm} - 1,5 \text{ cm}} = \dfrac{5 \text{ N}}{1 \text{ cm}} = 5,0 \ ^{\text{cm}}\!/_{\text{N}}$

Pour C) $k = \dfrac{7,5 \text{ N}}{2 \text{ cm} - 1 \text{ cm}} = \dfrac{7,5 \text{ N}}{1 \text{ cm}} = 7,5 \text{ cm/N}$

RÉPONSE

A) $k = 6,7$ cm/N

B) $k = 5,0$ cm/N

C) $k = 7,5$ cm/N

25. ^{E}(Obj. 2.4) **Soit le graphique suivant :**

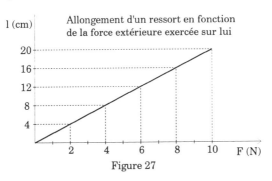

Figure 27

D'après ce graphique, quelle est la constante de rappel du ressort?

A) 0,02 N/m

B) 1 N/m

C) 2 N/m

D) 50 N/m

SOLUTION

La constante de rappel est la pente d'un graphique représentant la force en fonction de l'allongement (pas inversement), c'est-à-dire qu'il faut donner au numérateur la variation de la force qui correspond à l'allongement qui, quant à lui, se trouve au dénominateur (pas inversement).

En calculant la pente du graphique tel que présenté, on aura une pente du graphique de l'allongement en fonction de la force, donc la valeur inverse de la constante de rappel. Cette dernière vaudrait alors l'inverse de la pente m du graphique donné.

Vous avez donc $m = \dfrac{8\ cm - 0\ cm}{4\ N - 0\ N} = 2\ ^{cm}/_N$.

Alors $k = \dfrac{1}{m} = \dfrac{1}{2\ ^{cm}/_N} = 0{,}5\ ^{cm}/_N$.

RÉPONSE

D)

26. [E](Obj. 2.4) **Au cours d'une expérience en laboratoire, vous avez étiré 4 ressorts différents. Le graphique ci-dessous montre la force F exercée sur chacun des ressorts en fonction de l'allongement l de chacun d'entre eux.**

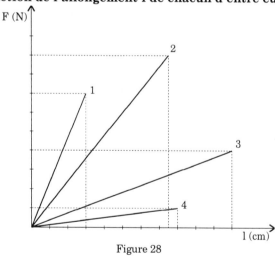

Figure 28

Quel ressort a le plus de raideur?

A) 1

B) 2

C) 3

D) 4

+ diff. à plier

SOLUTION

Un ressort a plus de raideur qu'un autre si, pour causer le même allongement, il faut appliquer la force plus grande. On peut vérifier ceci en calculant les pentes des graphiques force-allongement (c'est-à-dire leurs constantes de rappel). Le ressort qui a la constante de rappel la plus grande a le plus de raideur (plus grande pente à la condition que F soit sur l'axe des y).

$$k_1 = \frac{2\,N - 0\,N}{1\,cm - 0\,cm} = 2\ ^N\!/_{cm}$$

$$k_2 = \frac{1\,N - 0\,N}{1\,cm - 0\,cm} = 1\ ^N\!/_{cm}$$

$$k_3 = \frac{1\,N - 0\,N}{2\,cm - 0\,cm} = 0,5\ ^N\!/_{cm}$$

$$k_4 = \frac{1\,N - 0\,N}{6\,cm - 0\,cm} = 0,17\ ^N\!/_{cm}$$

REMARQUE Pour répondre à cette question, vous n'êtes pas obligé de faire des calculs. Il suffit de bien interpréter géométriquement la pente d'une droite. La droite qui est la plus «inclinée» (tend à rejoindre l'axe des y) correspond au ressort qui a le plus de raideur.

RÉPONSE

A)

27. (Obj. 2.4 et 2.8) Voici les résultats de la soumission d'un ressort à plusieurs forces :

Allongement (cm)	Force appliquée (N)
0	0
3	7
6	14

9	21
12	28

a) **Construisez le graphique de la force en fonction de l'allongement.**
b) **Quelle est la constante de rappel de ce ressort?**
c) **De combien s'allongera le ressort si vous exercez sur celui-ci une force de 50 N?**
d) **Quel est le poids d'un objet qui étirerait le ressort de 20 cm?**

SOLUTION

 REMARQUE

D'après la formule $F = k\,l$, vous constatez que cette formule décrit la relation d'une proportionnalité directe, c'est-à-dire que la grandeur de la force F est directement proportionnelle à l'allongement. Le graphique de la proportionnalité directe est toujours une droite croissante passant par l'origine.

a)

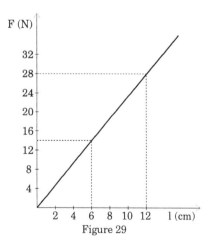

Figure 29

b) $k = \dfrac{7\,N - 0\,N}{3\,cm - 0\,cm} = 2{,}3\ \text{N}/_{cm}$

c) $l = \dfrac{F}{k} = \dfrac{50\,N}{2{,}33\ \text{N}/_{cm}} = 21{,}4\,cm$

d) $F = k\,l = 2{,}33\ \text{N}/_{cm} \times 20\,cm = 46{,}7\,N$

RÉPONSE

a) Voir la solution

b) $k = 2{,}3\ \text{N}/_{cm}$

c) $l = 21{,}4\,cm$

d) $F = 46{,}7\,N$

28. (Obj. 2.4 et 2.8) Un ressort homogène ($k = 200\ \text{N}/_{m}$) est fixé à un plan incliné à 45° de l'horizontale (on néglige le frottement). Il est étiré sous l'effet du poids d'un objet de 25 kg.

Quel est l'allongement du ressort?

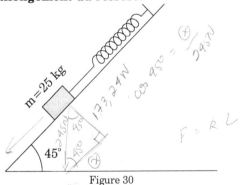

Figure 30

SOLUTION

Pour résoudre ce problème, il faut trouver la force appliquée à cet objet (voir la figure 31).

$F = F_{g\,x} = F_g \cos 45° = 173{,}2\,N$

Vous trouvez facilement :

$l = \dfrac{F}{k} = \dfrac{173{,}2\,N}{200\ \text{N}/_{m}} = 0{,}9\,m.$

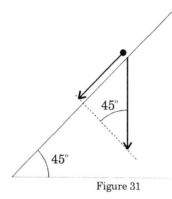

Figure 31

RÉPONSE

0,9 m

3 L'ANALYSE DU MOUVEMENT

Vous devez savoir décrire des mouvements d'objets à l'aide des grandeurs physiques que vous avez analysées au cours des manipulations expérimentales.

Objectifs intermédiaires	Contenus
3.1	Position d'un objet en mouvement vertical
3.2	Vitesse d'un objet en mouvement vertical
3.3	Accélération d'un objet en mouvement vertical
3.5	Relations mathématiques entre diverses grandeurs physiques caractéristiques du mouvement d'un objet
3.6	Mouvement rectiligne d'un objet sur un plan incliné et horizontal
3.9	Solution des problèmes numériques et graphiques

29. (Obj. 3.1) Remplissez les espaces vides avec les mots clés : moyenne, instantanée, temps, position.

En étudiant le mouvement d'un objet on peut se servir d'un graphique de sa .... en fonction du .... La vitesse .... représente la vitesse d'un objet à un instant précis. La pente de la tangente au graphique position-temps au point de l'abscisse $t = t_0$ est égale à la vitesse .... de l'objet à l'instant $t = t_0$.

La vitesse .... représente la vitesse durant un intervalle du temps.

RÉPONSE

En étudiant le mouvement d'un objet, on peut se servir d'un graphique de sa **position** en fonction du **temps**. La vitesse **instantanée** représente la vitesse d'un objet à un instant précis. La pente de la tangente au graphique position-temps au point de l'abscisse t = t_0 est égale à la vitesse **instantanée** de l'objet à l'instant t = t_0.

La vitesse **moyenne** représente la vitesse durant un intervalle du temps.

30. (Obj. 3.1) Soit les corps suivants en mouvement :

I.   **Un skieur qui descend une montagne.**

II. **Une feuille qui tombe d'un arbre.**

III. **Un homme qui descend dans un ascenseur.**

IV. **Un marteau échappé par un ouvrier.**

V.   **Un parachutiste avec son parachute ouvert.**

Lequel(lesquels) de ces mouvements peut(peuvent) servir comme modèle d'une chute libre?

A) **I et II**

B) **II et IV**

C) **II, IV et V**

D) **IV seulement**

SOLUTION

On dit qu'un corps tombe en chute libre lorsque la résistance de l'air est négligeable (lorsqu'il n'est pas freiné par le milieu dans lequel il tombe).

Pour les corps qui tombent dans l'air, on ne peut pas parler généralement de chute libre. Un parachutiste avec son parachute ouvert tombe avec une vitesse réduite causée par la résistance de l'air. De même, une feuille d'un arbre tombe en flottant avec une faible vitesse.

Cependant, un marteau échappé par l'ouvrier tombe comme si l'air n'offrait pas de résistance à son mouvement. Le freinage est alors tellement faible qu'on peut le négliger. Son mouvement est rectiligne suivant la verticale.

Conseil

Pour décider si un corps est en chute libre ou non, vous pourriez examiner les deux conditions suivantes :

– le mouvement doit être rectiligne suivant la verticale (il faut donc rejeter les mouvements en I, II et V)

– la chute ne peut pas être freinée par le milieu dans lequel il tombe (ce n'est pas le cas du mouvement III, parce qu'il est freiné par le moteur de l'ascenseur).

RÉPONSE

D)

31. (Obj. 3.1 et 3.2) En vous servant de la reproduction du ruban ci-dessous relié à un objet en chute libre :

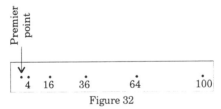

Figure 32

a) **Mesurez les grandeurs des déplacements en prenant comme origine le premier point à gauche du ruban (comme le démontre la figure ci-dessus) et reportez vos données au tableau suivant :**

$\Delta t(s)$	0	1	2	3	4	5
$\Delta s(cm)$	$\Delta s_0 = 0$	$\Delta s_1 = 4$	$\Delta s_2 = 16$	$\Delta s_3 =$	$\Delta s_4 =$	$\Delta s_5 =$

b) Construisez le graphique de la position en fonction du temps en vous servant des données de votre tableau.

c) À partir du graphique position-temps, calculez la vitesse instantanée à $t_3 = 3$ s en déterminant la pente de la tangente à la courbe à l'instant donné.

d) Pour les intervalles de temps donnés, calculez les vitesses moyennes et inscrivez vos résultats dans le tableau suivant :

$\Delta t(s)$	$\Delta t_{0 \rightarrow 1}$	$\Delta t_{1 \rightarrow 2}$	$\Delta t_{2 \rightarrow 3}$	$\Delta t_{3 \rightarrow 4}$	$\Delta t_{4 \rightarrow 5}$
$v(\frac{cm}{s})$	$v_1 =$	$v_2 =$	$v_3 =$	$v_4 =$	$v_5 =$

RÉPONSE

a)

$\Delta t(s)$	0	1	2	3	4	5
$\Delta(cm)$	$\Delta s_0 = 0$	$\Delta s_1 = 0,4$	$\Delta s_2 = 1,6$	$\Delta s_3 = 3,6$	$\Delta s_4 = 6,4$	$\Delta s_5 = 10$

Mesurez toujours le déplacement à partir du point de départ.

b)

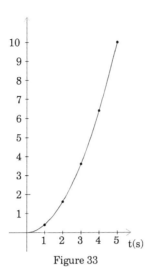

Figure 33

c)

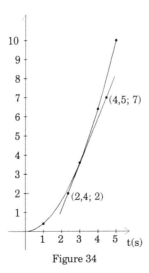

Figure 34

$$m = \frac{7 \text{ cm} - 2 \text{ cm}}{4,5 \text{ s} - 2,4 \text{ s}} = \frac{5 \text{ cm}}{2,1 \text{ s}} = 2,4 \, ^{cm}\!/_{s}$$

d)

Δt(s)	Δt$_{0\to1}$	Δt$_{1\to2}$	Δt$_{2\to3}$	Δt$_{3\to4}$	Δt$_{4\to5}$
v($\frac{cm}{s}$)	v$_1$=0,4	v$_2$=1,2	v$_3$=2	v$_4$=2,8	v$_5$=3,6

32. [E](Obj. 3.2) **Lors du tournage d'un film, un cascadeur se laisse tomber du haut d'une maison sur un coussin placé au sol. Ce coussin amortit la chute du cascadeur sans le faire rebondir. Lequel des graphiques ci-dessous représente le mieux la vitesse du cascadeur en fonction du temps durant toute sa chute?**

A)

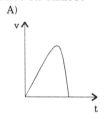

B)

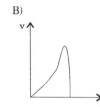

C)

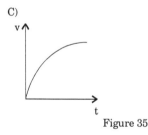

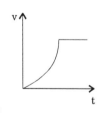

Figure 35

SOLUTION

Il faut bien distinguer l'allure des graphiques position-temps et vitesse-temps, caractéristiques pour le mouvement rectiligne uniformément accéléré dont l'un des exemples est un objet en chute libre. Pour ce type de mouvement, le graphique position-temps est toujours une partie d'une parabole, tandis que le graphique vitesse-temps est toujours une droite ou un segment de droite.

Les graphiques B), C) et D) ne peuvent pas représenter la vitesse du cascadeur en fonction du temps car la première partie du graphique n'est pas un segment de droite. Seulement le graphique A) peut être considéré comme réponse. La dernière partie (décroissante) de ce graphique représente le mouvement du cascadeur après avoir touché le coussin. C'est évident qu'à la fin, la vitesse est nulle.

Conseil

Il faut toujours faire très attention en lisant la question du premier au dernier mot. Dans celle-ci, les quatre derniers mots «durant toute sa chute» décident de l'allure du graphique.

RÉPONSE

A)

33. (Obj. 3.3) Quel énoncé décrit le mieux une accélération?

A) Écart entre la vitesse initiale et la vitesse finale.

B) Variation de la position pendant un intervalle de temps.

C) Variation de la vitesse pendant un intervalle de temps.

D) Rapport de la vitesse finale à la vitesse initiale.

SOLUTION

L'accélération est la variation de la vitesse pendant un intervalle de temps.

$$\vec{a} = \frac{\Delta v}{\Delta t}$$

RÉPONSE

C)

34. (Obj. 3.3) Dans quel cas l'accélération est-elle la mieux précisée?

A) $3 \text{ }^m/_s - 2 \text{ }^m/_s$

B) $\dfrac{125 \text{ m}}{85 \text{ s}}$

C) $120 \text{ m} - 12 \text{ m}$

D) $(20 \text{ }^{km}/_h - 5 \text{ }^{km}/_h)$ en 10 s

E) $(20 \text{ m} - 10 \text{ m})$ en 3 s

SOLUTION

Conseil

Pour bien répondre à ce genre de question, il faut se rappeler de la définition exacte de la notion demandée en soulignant les mots clés (l'essentiel pour la notion en question). Rappelons la définition de l'accélération en soulignant les mots essentiels : «L'accélération est la <u>variation de la vitesse</u> pendant <u>un intervalle de temps</u>.»

En A) et en D), on parle de la variation de la vitesse (l'écart entre les vitesses initiale et finale). Mais seulement en D), on la considère dans un intervalle de temps.

RÉPONSE

D)

35. (Obj. 3.3) En l'absence d'air, quel objet subit la plus grande et lequel subit la plus petite accélération due à l'attraction de la terre?

A) Un marteau

B) Une feuille de papier

C) Un livre

D) Une petite plume d'un oiseau

E) Tous les objets subissent la même accélération

SOLUTION

La force de résistance de l'air empêche ces objets de tomber à la même vitesse. En l'absence d'air, la plume tomberait aussi rapidement que le marteau.

La grandeur de l'accélération due à l'attraction de la terre est toujours d'environ 9,8 m/s^2 (ou 9,8 N/kg) quelle que soit la masse du corps.

RÉPONSE

E)

36. (Obj. 3.3) L'un des graphiques ci-dessous peut être associé à un corps tombant en chute libre. Quel est ce graphique?

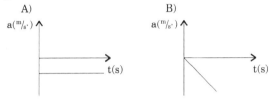

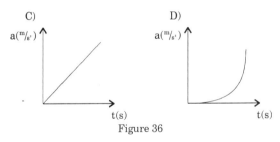

Figure 36

SOLUTION

L'accélération d'un corps tombant en chute libre est l'accélération due à l'attraction de la terre qui est <u>constante</u> quelle que soit la masse de l'objet et quel que soit le temps écoulé.

RÉPONSE

A)

37. (Obj. 3.3) Sous les graphiques décrivant un objet en mouvement rectiligne uniformément accéléré, quelqu'un a mélangé leur description. Corrigez-les.

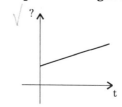

Graphique de la position
en fonction du temps
Figure 37

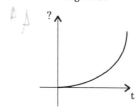

Graphique de l'accélération
en fonction du temps
Figure 38

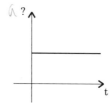

Graphique de la vitesse
en fonction du temps
Figure 39

RÉPONSE

Les figures 37, 38 et 39 représentent respectivement les graphiques de la vitesse, de la position et de l'accélération en fonction du temps.

38. (Obj. 3.3) Voici les graphiques vitesse-temps des quatre objets en mouvement :

A)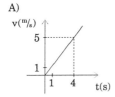

B)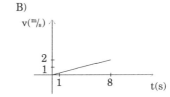

C)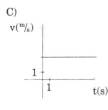

D)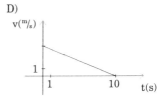

Figure 40

a) Calculez l'accélération de chacun de ces objets.

b) Quel objet a une meilleure accélération?

c) Est-ce qu'il y a un (des) graphique(s) qui représente(nt) la vitesse d'un objet en chute libre?

SOLUTION

a)

 L'accélération d'un objet en mouvement rectiligne uniformément accéléré est donnée par la formule :

$$a = \frac{\Delta v}{\Delta t} = \frac{v_2 - v_1}{t_2 - t_1}$$

Les accélérations des objets dont les vitesses sont représentées sur la figure 40 sont respectivement :

A) $a = \dfrac{5 \, ^m\!/_s - 0 \, ^m\!/_s}{4 \, s - 0 \, s} = 1,25 \, ^m\!/_{s^2}$

B) $a = \dfrac{2 \, ^m\!/_s - 0 \, ^m\!/_s}{8 \, s - 0 \, s} = 0,25 \, ^m\!/_{s^2}$

C) $\quad a = \dfrac{3\,\text{m/s} - 3\,\text{m/s}}{6\,\text{s} - 0\,\text{s}} = 0\,\text{m/s}^2$

D) $\quad a = \dfrac{0\,\text{m/s} - 4\,\text{m/s}}{10\,\text{s} - 0\,\text{s}} = -0,4\,\text{m/s}^2$

b) La meilleure accélération est celle de la figure A).

c) Aucun graphique ne représente la chute libre, l'accélération dans tous les cas est différente de celle de la chute libre, soit $g = -9,8$ m/s^2.

RÉPONSE

a) A) $a = 1,25\ \text{m/s}^2$

    B) $a = 0,25\ \text{m/s}^2$

    C) $a = 0\ \text{m/s}^2$

    D) $a = -0,4\ \text{m/s}^2$

b) A)

c) Aucun

39. (Obj. 3.5 et 3.9) Un homme travaille sur le toit d'un édifice. Il échappe son marteau qui frappe le sol 3 s plus tard (on néglige la résistance de l'air).

a) En sachant que l'accélération de ce marteau est constante et vaut $-9,8\ \text{m/s}^2$, tracez le graphique de la vitesse en fonction du temps.

b) À partir de ce graphique tracez celui de la position en fonction du temps (l'origine est au point de départ).

c) Quelle est la vitesse du marteau au moment où il touche le sol?

d) Quelle est la hauteur de l'édifice?

e) Après combien de temps le marteau atteint la moitié de la hauteur de l'édifice?

SOLUTION

- Il y a quatre équations de mouvement rectiligne uniformément accéléré, dont la chute libre est un cas particulier (lorsque le mouvement est vertical, l'accélération «a» devient g= − 9,8 $^m/_{s^2}$).

1. $v_f = v_i + a\Delta t$ ou encore $a = \dfrac{\Delta v}{\Delta t}$

   Cette formule permet de trouver la vitesse finale sans connaître le déplacement (dont la grandeur dans le mouvement rectiligne est égale à la distance parcourue).

2. $\Delta s = v_i \Delta t + \dfrac{1}{2} a(\Delta t)^2$

   Cette formule permet de trouver la grandeur du déplacement (la distance) sans connaître la vitesse finale.

3. $\Delta s = \dfrac{(v_i + v_f)}{2} \Delta t$

   Cette formule permet de trouver la grandeur du déplacement (la distance) sans connaître l'accélération.

4. $v_f^2 = v_i^2 + 2 a \Delta s$

   Cette formule permet de trouver la vitesse finale sans connaître l'intervalle de temps.

Conseil

Pour faciliter votre travail dans les problèmes numériques, on vous suggère une démarche de résolution de ces problèmes :

1. Faites (si c'est possible et nécessaire) le dessin, le schéma qui résume la situation décrite dans l'exercice.

2. Ecrivez les données du problème.

3. Identifiez l'inconnue.

4. Choisissez la formule mathématique par rapport à la question et aux données (identifiez les données inutiles).

5. Isolez la variable cherchée.

6. Remplacez les données fournies pour le problème dans l'équation (dans le cas des formules complexes, il peut être préférable d'inverser l'ordre de deux dernières étapes).

7. Effectuez le calcul.

a)

REMARQUE L'aire sous la courbe du graphique accélération-temps dans un intervalle de temps Δt correspond à la grandeur de la vitesse d'un corps durant cet intervalle.

Pour appliquer cette remarque, traçons d'abord le graphique accélération-temps qui est la droite horizontale ci-dessous.

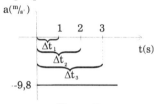

Figure 41

Calcul des aires sous la courbe du graphique accélération-temps :

Pour $\Delta t = 1$ s, vous avez $v_1 = 1$ s $\times$ 9,8 $\frac{m}{s^2}$ = 9,8 $\frac{m}{s}$

Pour $\Delta t = 2$ s, vous avez $v_2 = 2$ s $\times$ 9,8 $\frac{m}{s^2}$ = 19,6 $\frac{m}{s}$

Pour $\Delta t = 3$ s, vous avez $v_3 = 3$ s $\times$ 9,8 $\frac{m}{s^2}$ = 29,4 $\frac{m}{s}$

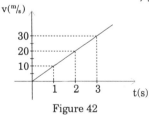

Figure 42

Le graphique vitesse-temps est donc la droite qui illustre une proportionnalité directe.

b)

REMARQUE L'aire sous la courbe du graphique vitesse-temps pour chaque Δt correspond à la distance effectuée par le corps durant cet intervalle du temps.

Calcul des aires sous la courbe du graphique vitesse-temps :

Pour $\Delta t = 1$ s vous avez $\Delta s = \dfrac{1\ s \times 9,8\ ^m/_s}{2} = 4,9$ m

Pour $\Delta t = 2$ s vous avez $\Delta s = \dfrac{2\ s \times 19,6\ ^m/_s}{2} = 19,6$ m

Pour $\Delta t = 3$ s vous avez $\Delta s = \dfrac{3\ s \times 29,4\ ^m/_s}{2} = 44,1$ m

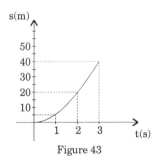

Figure 43

Le graphique position-temps est donc une partie de la parabole.

c) À partir de la figure 42, vous avez

$v_f = v_3 = 29,4\ ^m/_s$

d) Sur la figure 43, vous pouvez lire la distance totale qui était de 44,1 m (la hauteur de l'édifice).

Vous pouvez trouver cette valeur à partir du calcul. Le déplacement étant

$\Delta s = v_i\ \Delta t + \frac{1}{2}\ a\ \Delta t^2 = \frac{1}{2}\ g\ \Delta t^2 = \frac{1}{2} \times (-9,8\ ^m/_{s^2}) \times (3\ s)^2$
$= -44,1\ \mu$,

vous obtenez h = $|-44,1|$ m = 44,1 m (le signe négatif signifie le déplacement vers le bas).

e) Données : $\Delta s = \dfrac{-44,1 \text{ m}}{2} = -22,05$ m (le déplacement vers le bas)

$$v_i = 0 \ ^m\!/_s$$

$$g = -9,8 \ ^m\!/_{s^2}$$

Inconnue : $\Delta t = ?$

Formule : $\Delta s = v_i \, \Delta t + \dfrac{1}{2} \, a \, \Delta t^2$

Transformations de la formule : Du fait que $v_i = 0$ et $a = g$, la formule devient

$\Delta s = \dfrac{1}{2} \, g \, \Delta t^2$.

Alors, $\Delta t^2 = \dfrac{2\Delta s}{g}$

D'où $\Delta t = \dfrac{\sqrt{2}\Delta s}{g}$

Calcul :

$$\Delta t = \sqrt{\dfrac{2(-22,05 \text{ m})}{-9,8 \ ^m\!/_{s^2}}} = \sqrt{4,5 \text{ s}^2} = 2,1 \text{ s}$$

On pourrait lire directement le temps sur le graphique position-temps. Pour la position s = 22,05 m, vous auriez obtenu une valeur de 2,1 s.

RÉPONSE

a) Voir la figure 42

b) Voir la figure 43

c) $v = 29,4 \ ^m\!/_s$

d) $h = 44,1$ m

e) $\Delta t = 2,1$ s

40. (Obj. 3.5 et 3.9) Un enfant laisse tomber une pierre de la fenêtre d'un immeuble (on néglige la résistance de l'air).

a) Quelle est la distance en m parcourue par la pierre durant les deux premières secondes de la chute?

b) Quelle est la vitesse de cette pierre après 3 secondes?

c) Si l'immeuble a une hauteur de 60 m, après combien de temps la pierre touchera-t-elle le sol?

d) **Quel temps mettrait la même pierre pour tomber d'une hauteur de 60 m sur la Lune (l'accélération lunaire vaut 1,6 $^m/_{s^2}$)?**

SOLUTION

 Lorsqu'un objet est lancé verticalement vers le haut, sa vitesse diminue, étant positive; par conséquent, son accélération est négative. Par opposition à la montée lorsque l'objet retombe, sa vitesse doit être considérée comme négative. Une augmentation de vitesse négative implique une accélération négative.

a) Données : $v_i = 0$ $^m/_s$

$g = -9,8$ $^m/_{s^2}$

$\Delta t = 2$ s

Inconnue : $\Delta s = ?$

Formule : $\Delta s = v_i \Delta t + \frac{1}{2} a \Delta t^2$

Calcul :

$\Delta s = 0$ $^m/_s$ $+ \frac{1}{2} (-9,8$ $^m/_{s^2}$ $)(2$ s$)^2 = -19,6$ m

(le signe – indique que l'objet se déplace vers le bas)

La distance parcourue est donc 19,6 m.

b) Données : $v_i = 0$ $^m/_s$

$g = -9,8$ $^m/_{s^2}$

$\Delta t = 3$ s

Inconnue : $v_f = ?$

Formule : $v_f = v_i + a \Delta t$

Calcul :

$v_f = 0$ $^m/_s$ $+ (-9,8$ $^m/_{s^2}$ $)(3$ s$) = -29,4$ $^m/_s$

(Le signe – indique que l'objet descend avec la vitesse 29,4)

c) Données : $v_i = 0$ $^m/_s$

$g = -9,8$ $^m/_{s^2}$

$\Delta s = -60$ m (le signe – indique que l'objet se déplace vers le bas)

Inconnue : $\Delta t = ?$

Formule : $\Delta s = v_i \, \Delta t + \frac{1}{2} \, a \, \Delta t^2$

Calcul :

$-60 \text{ m} = 0 \text{ m/s} \times \Delta t + \frac{1}{2} (-9,8 \text{ m/s}^2) \times \Delta t^2$

$\Delta t^2 = \dfrac{60 \text{ m}}{4,9 \text{ m/s}^2} = 12,24 \text{ s}^2$

$\Delta t = \sqrt{12,24 \text{ s}^2} = 3,5 \text{ s}$

d)   Données : $v_i = 0 \text{ m/s}$

$g_l = -1,6 \text{ m/s}^2$

$\Delta s = -60 \text{ m}$

Inconnue : $\Delta t = ?$

Formule : $\Delta s = v_i \, \Delta t + \frac{1}{2} \, a \, \Delta t^2$

Calcul :

$-60 \text{ m} = 0 \text{ m/s} \times \Delta t + \frac{1}{2} (-1,6 \text{ m/s}^2) \times \Delta t^2$

$\Delta t^2 = \dfrac{60 \text{ m}}{0,8 \text{ m/s}^2} = 75 \text{ s}^2$

$\Delta t = \sqrt{75 \text{ s}^2} = 8,7 \text{ s}$

RÉPONSE

a) $d = 19,6 \text{ m}$

b) $v = -29,4 \text{ m/s}$

c) $\Delta t = 3,5 \text{ s}$

d) $\Delta t = 4,5 \text{ s}$

41. (Obj. 3.5 et 3.9) Un objet est lancé verticalement vers le haut et retombe sur la terre après 4 secondes. Tracez le graphique représentant la variation de la vitesse en fonction du temps (on néglige la résistance de l'air).

SOLUTION

De votre expérience quotidienne, vous savez qu'un objet lancé verticalement vers le haut perd sa vitesse (qui reste positive pendant tout ce temps) jusqu'à la vitesse nulle pour ensuite retomber sur terre avec la vitesse négative croissant en grandeur. Dans les deux étapes l'accélération est la même, alors le temps de la montée est le même que celui de la descente.

RÉPONSE

Figure 44

42. (Obj. 3.5 et 3.9) On lance vers le haut un objet à une vitesse initiale de 30 $^m/_s$ (on néglige la résistance de l'air).
a) **Quelle sera sa vitesse 2 secondes après son départ?**
b) **Pendant combien de temps va-t-il monter?**
c) **Dans combien de temps touchera-t-il le sol?**
d) **Quelle sera la hauteur maximale atteinte par cet objet?**

SOLUTION

a) Données : $v_i = 30$ $^m/_s$

 $g = -9,8$ $^m/_{s^2}$ (le signe est négatif parce que l'objet ralentit)

 $\Delta t = 2$ s

Inconnue : $v_f = ?$

Formule : $v_f = v_i + a\,\Delta t$

Calcul :

 $v_f = 30$ $^m/_s$ $+ (-9,8$ $^m/_{s^2}$ $)\,(2$ s$) = 10,4$ $^m/_s$.

b) Données : $v_i = 30$ $^m/_s$

 $v_f = 0$ $^m/_s$

 $g = -9,8$ $^m/_{s^2}$

Inconnue : $\Delta t = ?$

Formule : $v_f = v_i + a\,\Delta t$

Calcul :

 $0 = 30 + (-9,8$ $^m/_{s^2}$ $)\,\Delta t$

 $\Delta t = \dfrac{30\,^m/_s}{9,8\,^m/_{s^2}} = 3$ s

c) 3 s $+ 3$ s $= 6$ s

d) Données : $v_i = 30 \ ^m/_s$
$v_f = 0 \ ^m/_s$
$\Delta t = 3 \ s$

Inconnue : $\Delta s = ?$

Formule : $\Delta s = \dfrac{v_i + v_f}{2} \Delta t$

Calcul :

$$\Delta s = \dfrac{30 \ ^m/_s + 0 \ ^m/_s}{2} \times 3 \ s = 45 \ m$$

(le signe est positif car l'objet se déplace vers le haut).

La hauteur maximale est donc $h_{max} = 45 \ m$.

RÉPONSE

a) $v_f = 10,4 \ ^m/_s$

b) $\Delta t = 3 \ s$

c) $\Delta t = 6 \ s$

d) $h_{max} = 45 \ m$

43. (Obj. 3.5) Un projectile est lancé verticalement vers le haut à condition que la résistance de l'air soit négligeable.

Répondez par vrai ou faux.

A) Le temps de montée est deux fois plus long que le temps de descente.

B) Le temps de montée est égal au temps de descente.

C) L'accélération diminue en montant et augmente en descendant.

D) L'accélération reste la même durant la montée et la descente.

E) La vitesse est nulle à la hauteur maximale.

RÉPONSE

A) Faux

B) Vrai

C) Faux

D) Vrai

E) Vrai

44. (Obj. 3.6) Sur une planche inclinée, on fait rouler une bille d'acier dont on mesure la vitesse.

$\Delta t(s)$	0	1	2	3
$v(\frac{m}{s})$	0	4	8	12

a) Quel graphique représente ce mouvement?

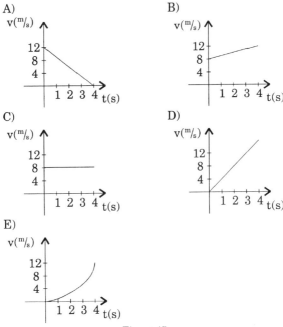

Figure 45

b) Quelle est la vitesse de la bille après $\Delta t = 5$ s?

SOLUTION

a) Les points $(0,0)$, $(1,4)$, $(2,8)$ et $(3,12)$ appartiennent au graphique D.

b) Données : $v_i = 0$

$$\Delta t = 5 \text{ s}$$

Inconnue : $v_f = ?$

1re étape : calcul de l'accélération.

$$a = \frac{v_2 - v_1}{t_{2-t_1}} = \frac{4 \text{ m/s} - 0 \text{ m/s}}{1 \text{ s} - 0 \text{ s}} = 4 \text{ m/s}$$

2e étape : calcul de la vitesse.

$$v_f = v_i + a \, \Delta t = 0 \text{ m/s} \times 5 \text{ s} + 4 \text{ m/s}^2 \times 5 \text{ s} = 20 \text{ m/s} .$$

 REMARQUE   Vous pouvez trouver cette valeur graphiquement comme l'ordonnée du point d'abscisse t = 5 s sur le graphique vitesse-temps.

RÉPONSE

a) D)

b) $v_f = 20 \text{ m/s}$

45. ^{E}(**Obj. 3.6 et 3.9**) **Une bille se met en mouvement sur un plan incliné. Pendant la descente, elle accélère uniformément et parcourt 10 cm durant la première seconde. À ce rythme, quelle distance la bille aura-t-elle parcourue après 5,0 secondes?**

SOLUTION

Données : $\Delta s_1 = 10 \text{ cm}$

$\Delta t_1 = 1 \text{ s}$

$\Delta t = 5 \text{ s}$

$v_i = 0 \text{ m/s}$

Inconnue : $\Delta s = ?$

1re étape : calcul de l'accélération de la bille à l'aide de la formule $\Delta s_1 = v_i \, \Delta t_1 + \frac{1}{2} \, a \, \Delta t_1^2$.

$$10 \text{ cm} = 0 \text{ m/s} \times 1 \text{ s} + \frac{1}{2} \, a \, (1 \text{ s})^2$$

$$a = 20 \text{ cm/s}^2$$

2e étape : calcul de la distance après 5 s à l'aide de la formule $\Delta s = v_i \, \Delta t + \frac{1}{2} \, a \, \Delta t^2$

$$\Delta s = 0 \ ^m/_s \times 5 \ s + \frac{1}{2} \ (20 \ ^{cm}/_{s^2}) \ (5 \ s)^2 = 250 \ cm$$

RÉPONSE

$\Delta s = 250 \ cm$

46. [E](Obj. 3.6) **Une automobile se déplace à vitesse constante sur une autoroute. Quelle série de graphiques illustre le mouvement de cette automobile?**

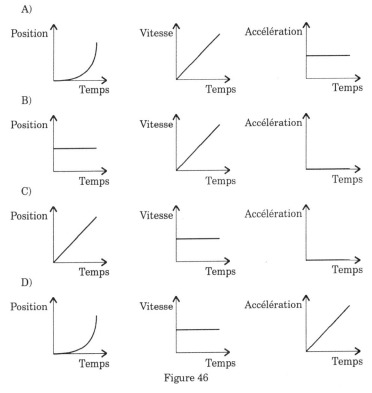

Figure 46

SOLUTION

Conseil

Une démarche intéressante consiste à relever, dans le choix de réponses, au moins un graphique qui ne correspond pas à un mouvement rectiligne uniforme. On élimine ainsi les mauvaises réponses au lieu de chercher la bonne. Dès que vous trouvez un graphique qui ne correspond pas à un mouvement rectiligne uniforme, il devient inutile de vérifier tous les autres qui sont à la même ligne. Par exemple, dans A) et B) la vitesse augmente avec le temps. Vous les rejetez sans vérifier les autres graphiques. Il nous reste alors les choix C) et D), mais dans D) l'accélération augmente, ce qui contredit la condition de la vitesse constante. Il ne nous reste alors que C).

RÉPONSE

C)

47. E(Obj. 3.6 et 3.9) Un avion fait la liaison Montréal-Vancouver. Le trajet prévoit deux escales, l'une à Toronto et l'autre à Calgary.

Les distances parcourues ainsi que les durées des vols et des escales sont indiquées dans le tableau ci-dessous.

	Distance (km)	Durée (h)
Vol Montréal-Toronto	530	0,67
Escale à Toronto	0	1,00
Vol Toronto-Calgary	3210	4,33
Escale à Calgary	0	1,00
Vol Calgary-Vancouver	700	0,80

Quelle est la vitesse moyenne de l'avion durant le voyage?

SOLUTION

La distance totale parcourue par l'avion est

d_{totale} = 530 km + 3210 km + 700 km = 4440 km

Le temps total est

t_{total} = 0,67 h + 1,00 h + 4,33 h + 1,00 h + 0,80 h = 7,84 h

Alors

$$v_m = \frac{d_{total}}{t_{total}} = \frac{4440 \text{ km}}{7,84 \text{ h}} = 566,3 \text{ km/h}$$

RÉPONSE

$v_m = 566,3$ km/h

48. ^E(Obj. 3.6) **La randonnée d'un cycliste se divise en 5 étapes d'une durée de 30 minutes chacune.**

Lequel des graphiques ci-dessous illustre la position du cycliste en fonction du temps écoulé si :

1. **Le cycliste parcourt, à vitesse constante, 5 km vers l'est.**

2. **Il se repose.**

3. **Il parcourt, à vitesse constante, 5 km vers l'est.**

4. **Il se repose.**

5. **Il parcourt, à vitesse constante, 10 km vers l'ouest.**

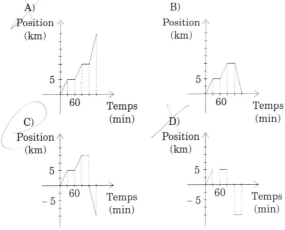

Figure 47

SOLUTION

Conseil

Pour résoudre ce problème, il faut être capable d'interpréter graphiquement chaque phrase courante qui décrit un mouvement. Par convention, le déplacement vers l'est a un signe +. Alors :

Phrase	Interprétation graphique
1. Le cycliste parcourt, à vitesse constante, 5 km vers l'est.	Le graphique position-temps est un segment d'une droite (à cause de la vitesse constante) montant (à cause du mouvement vers l'est), dont les coordonnées des points extrêmes sont $(0, 0)$ et $(30, 5)$ (à cause de la distance de 5 km parcourue pendant 30 min).
2. Il se repose.	Le graphique position-temps est un segment de la droite horizontale (à cause de la variation nulle de la position) de la longueur 30 (à cause du temps de mouvement 30 min).
3. Il parcourt, à vitesse constante, 5 km vers l'est.	Voir interprétation de la phrase 1.
4. Il se repose.	Voir interprétation de la phrase 2.
5. Il parcourt, à vitesse constante, 10 km vers l'ouest.	Le graphique position-temps est un segment d'une droite (à cause de la vitesse constante) descendant (à cause du mouvement vers l'ouest) dont les coordonnées des points extrêmes sont $(120, 10)$ et $(150, 0)$ (à cause de la distance de 10 km parcourue pendant 30 min).

La ligne brisée doit être continue (pas de sauts). Alors, même si le graphique B satisfait à toutes les conditions décrites dans le conseil, il ne peut pas illustrer la position du cycliste en fonction du temps, parce que la ligne est discontinue.

RÉPONSE

C)

49. [E](Obj. 3.5 et 3.6) **Le graphique ci-dessous illustre la variation de la vitesse d'un mobile en mouvement en fonction du temps.**

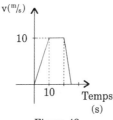

Figure 48

Quelle est la distance parcourue par ce mobile durant les 25 premières secondes du mouvement?

SOLUTION

Rappelons que la distance parcourue peut être calculée comme l'aire sous le graphique vitesse-temps, alors est égale à l'aire d'un trapèze de bases 25 s et 10 s et de la hauteur 10 $^m/_s$.

$$d = \frac{(25\ s + 10\ s)(10\ ^m/_s)}{2} = 175\ m$$

RÉPONSE

d = 175 m

50. ^{E}**(Obj. 3.6) Une étude expérimentale sur le mouvement d'un chariot a permis de tracer le graphique ci-dessous.**

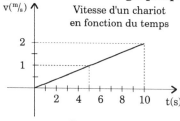

Figure 49

Quelle est la distance parcourue par ce chariot durant les 5 premières secondes du mouvement?

A) **0,20 m**

B) **1,0 m**

C) **2,5 m**

D) **5,0 m**

SOLUTION

Il y a deux façons de résoudre ce problème.

1. En calculant l'aire sous le graphique vitesse-temps entre 0 et 5 s :

$$d = \frac{5 \text{ s} \times 1 \, ^m\!/_s}{2} = 2,5 \text{ m}$$

2. En appliquant la formule :

$$d = \frac{v_i + v_f}{2} \Delta t = \frac{0 \, ^m\!/_s + 1 \, ^m\!/_s}{2} \times 5 \text{ s} = 2,5 \text{ m}$$

RÉPONSE

$d = 2,5 \text{ m}$

51. ^{E}**(Obj. 3.6) La photographie stroboscopique d'un chariot en mouvement est schématisée ci-dessous. Chaque position du chariot a été enregistrée tous les 0,1 s pendant la durée du mouvement.**

Figure 50

Parmi les propositions suivantes, laquelle est vraie?

A) Seulement les sections 1 et 2 du schéma correspondent à un mouvement accéléré du chariot.

B) Seulement les sections 1 et 3 du schéma correspondent à un mouvement accéléré du chariot.

C) Seulement les sections 2 et 3 du schéma correspondent à un mouvement accéléré du chariot.

D) Seulement la section 2 du schéma correspond à un mouvement accéléré du chariot.

SOLUTION

Le mouvement d'un mobile dans lequel la vitesse augmente ou diminue uniformément s'appelle mouvement accéléré.

Même si la vitesse diminue avec le temps (le mobile ralentit), on parle quand même de mouvement accéléré.

Si l'accélération agit de façon à augmenter la vitesse du mobile, on dit qu'elle est positive; or, si elle agit de façon à la diminuer, on dit qu'elle est négative. Un ralentissement est donc considéré comme une accélération négative.

La section 2 correspond donc à une accélération négative (le chariot ralentit), la section 3 correspond à une accélération positive (la vitesse du chariot augmente).

RÉPONSE

C)

52. ^E(Obj. 3.6) Lors d'une expérience en laboratoire, vous avez mesuré la vitesse d'un chariot à différents moments et avez tracé le graphique suivant.

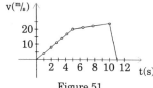

Figure 51

D'après ce graphique, quel énoncé ci-dessous est vrai?

A) **Durant les cinq premières secondes, le chariot a subi une accélération constante.**

B) **De la cinquième à la dixième seconde, le chariot avait une vitesse constante.**

C) **À la cinquième seconde, le chariot a commencé à réduire sa vitesse.**

D) **À la onzième seconde, le chariot est revenu à son point de départ.**

RÉPONSE

A) Vrai.

B) Faux. Le graphique n'est pas une droite horizontale.

C) Faux. Le graphique est une droite de pente positive, donc sa vitesse augmente.

D) Faux. Ce n'est pas le graphique position-temps. C'est le graphique vitesse-temps.

53. ^E**(Obj. 3.6 et 3.9) Le graphique ci-dessous représente la vitesse d'un mobile en fonction du temps.**

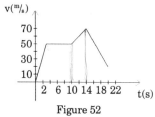

Figure 52

a) **Quelle est l'accélération du mobile pendant l'intervalle de temps compris entre t = 0 s et t = 3 s?**

b) **Quelle est l'accélération du mobile pendant l'intervalle de temps compris entre t = 14 s et t = 20 s?**

c) Quelle est la distance parcourue par le mobile pendant l'intervalle de temps compris entre t = 10 s et t = 14 s?

d) Quelle serait la vitesse du mobile au temps t = 6 s si son accélération n'avait pas changé au temps t = 3 s?

SOLUTION

a) $\quad a = \dfrac{v_2 - v_1}{t_2 - t_1} = \dfrac{50\ ^m/_s - 0\ ^m/_s}{3\ s - 0\ s} = \dfrac{50}{3}\ ^m/_{s^2} = 16{,}67\ ^m/_{s^2}$

b) $\quad a = \dfrac{v_2 - v_1}{t_2 - t_1} = \dfrac{20\ ^m/_s - 70\ ^m/_s}{20\ s - 14\ s} = \dfrac{-50}{6}\ ^m/_{s^2} = 8{,}33\ ^m/_{s^2}$

c) $\quad d = \dfrac{70\ ^m/_s + 50\ ^m/_s}{2} \times 4\ s = 240\ m$

d) $\quad v_f = v_i + at = 0\ ^m/_s + \dfrac{50}{3}\ ^m/_{s^2} \times 6\ s = 100\ ^m/_s$

RÉPONSE

a) $\quad a = 16{,}67\ ^m/_{s^2}$

b) $\quad a = 8{,}33\ ^m/_{s^2}$

c) $\quad d = 240\ m$

d) $\quad v_f = 100\ ^m/_s$

54. (Obj. 3.9) Simon roule sur son vélo derrière sa copine Kim. Ils roulent avec une vitesse constante de 12 $^m/_s$. Pour la rattraper, il accélère uniformément pendant 6 s pour atteindre une vitesse de 20 $^m/_s$.

a) Calculez l'accélération du vélo de Simon.

b) Quelle distance a-t-il franchie pendant ces 6 s?

SOLUTION

Données : $\quad v_i = 12\ ^m/_s$

$\qquad\qquad \Delta t = 6\ s$

$\qquad\qquad v_f = 20\ ^m/_s$

a) Inconnue : $\quad a = ?$

$\qquad$ Formule : $\quad a = \dfrac{v_f - v_i}{\Delta t}$

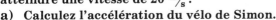

Calcul :

$$a = \frac{v_f - v_i}{\Delta t} = \frac{20 \, \text{m/s} - 12 \, \text{m/s}}{6 \, \text{s}} = \frac{4}{3} \, \text{m/s}^2 = 1,33 \, \text{m/s}^2$$

b)   Inconnue : Δs

   Formule : $\Delta s = v_i \, \Delta t + \frac{1}{2} \, a(\Delta t)^2$

   Calcul :

   $\Delta s = v_i \, \Delta t + \frac{1}{2} \, a(\Delta t)^2$

   $= 12 \, \text{m/s} \times 6 \, \text{s} + \frac{1}{2} \times 1,33 \, \text{m/s}^2 \times (6 \, \text{s})^2 = 96 \, \text{m}$

RÉPONSE

a) $a = 1,33 \, \text{m/s}^2$

b) $\Delta s = 96 \, \text{m}$

4 LES MOUVEMENTS ET LES FORCES

Vous devez savoir analyser, à partir de résultats expérimentaux obtenus en situation de laboratoire, le mouvement rectiligne des objets soumis à des forces.

Objectifs intermédiaires	Contenus
4.1	Cause du changement d'état, de repos ou d'état de mouvement d'un objet
4.2	Accélération due à une force appliquée sur des objets de masses différentes
4.3	Deuxième loi de Newton
4.4	La pesanteur
4.6	Forces de frottement
4.8	Résolution des exercices numériques et graphiques

55. (Obj. 4.1) Parmi les énoncés suivants, lequel décrit le mieux la première loi de Newton (loi d'inertie)?

A) **En absence de force, tout corps reste au repos, mais il ralentit lorsqu'il est en mouvement rectiligne uniforme.**

B) **Lorsqu'on applique une force sur un corps en mouvement rectiligne uniforme, ce corps reste en mouvement rectiligne uniforme.**

C) Tout corps reste au repos ou en mouvement rectiligne uniforme aussi longtemps qu'une force extérieure ne lui est pas appliquée.

D) Pour modifier la vitesse d'un corps, il faut quelquefois appliquer une force sur un corps.

SOLUTION

L'inertie d'un corps est sa tendance à résister à toute variation de son état de mouvement.

La première loi de Newton (la loi d'inertie) :

Tout corps reste au repos ou en mouvement rectiligne uniforme aussi longtemps qu'une force extérieure ne lui est pas appliquée.

RÉPONSE

C)

56. (Obj. 4.2 et 4.3) Complétez le texte avec les mots et les expressions clés suivants : inversement proportionnelle, directement proportionnelle, $^m/_{s^2}$, kg, a, m, a $= \dfrac{F}{m}$.

L'accélération produite par une force agissant sur un corps est .... à cette force et .... à la masse du corps, ce qui s'exprime sous forme mathématique par la formule .... Le traitement des unités vous donnerait ceci :

si F = ... × .... , alors l'équivalent de 1 N est 1 ..... × ....

RÉPONSE

L'accélération produite par une force agissant sur un corps est **directement proportionnelle** à cette force et **inversement proportionnelle** à la masse du corps, ce qui s'exprime sous forme mathématique par la formule **a** $= \dfrac{F}{m}$. Le traitement des unités vous donnerait ceci :

si F $=$ **m** × **a**, alors l'équivalent de 1 N est 1 $^{kg \times m}/_{s^2}$.

57. (Obj. 4.2 et 4.3) Voici le graphique de l'accélération de trois mobiles en fonction de la force subie par ces mobiles.

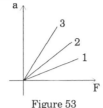

Figure 53

a) Lequel des graphiques représente le mobile qui a la plus grande masse?

b) Lequel des graphiques représente le mobile qui a la plus petite masse?

SOLUTION

En vertu de la deuxième loi de Newton l'accélération d'un mobile produite par une force agissant sur ce mobile est inversement proportionnelle à la masse du mobile : $a \propto \dfrac{1}{m}$. La plus grande accélération pour une force fixée est associée au mobile 3, donc sa masse est la plus petite. La plus petite accélération pour une force fixée est associée au mobile 1, donc sa masse est la plus grande.

RÉPONSE

a) 1

b) 3

58. (Obj. 4.2 et 4.3) Un chariot de 10 kg sous l'influence d'une force F = 1 N subit une accélération de 0,1 $^m/_{s^2}$.

a) Quelle devrait être l'accélération si on double la masse de ce chariot en gardant la force constante?

b) Quelle devrait être l'accélération pour la même force si ce chariot avait une masse de 2 kg?

c) Quelle devrait être la masse d'un chariot si, en subissant la même force, l'accélération était de 0,4 $^m/_{s^2}$?

SOLUTION

a) Données :   F = 1 N

m = 2 × 10 kg = 20 kg

Inconnue :   a = ?

Formule : $F = m\,a$

Calcul :

$1\,N = 20\,kg \times a$

D'où $a = \dfrac{1\,N}{20\,kg} = 0,05\ ^{N}/_{kg} = 0,05\ ^{m}/_{s^2}$.

Vous pouvez aussi résoudre ce problème en appliquant la notion de la proportionnalité.

REMARQUE

Si $A = B \times C$, vous pouvez dire :

– si le facteur B augmente, alors A augmente aussi (en gardant C fixe);

– si le facteur C augmente, alors A augmente aussi (en gardant B fixe).

Dans ces deux cas, l'augmentation d'un facteur fait augmenter l'autre, et on parle d'une <u>proportionnalité directe</u>.

Si l'on maintient la valeur A fixe, et que l'on fait varier les autres termes en conservant l'égalité, on obtiendra les constatations suivantes :

– Quand le facteur B augmente, le facteur C doit diminuer pour conserver l'égalité;

– Quand le facteur C augmente, le facteur B doit diminuer pour conserver l'égalité.

Dans ces deux cas, l'augmentation d'un facteur fait diminuer l'autre, et on parle d'une <u>proportionnalité inverse</u>.

En appliquant directement ce raisonnement pour la formule $F = m \times a$, vous voyez que les deux quantités physiques, la masse m et l'accélération a sont liées par une relation de la proportionnalité inverse, c'est-à-dire que si m augmente n fois, alors a diminue n fois, ou bien si m diminue n fois, alors a augmente n fois (en gardant la force F fixe).

Dans ce problème la masse m double, donc augmente 2 fois; par conséquent, l'accélération diminue 2 fois. Vous avez donc $a = 0,1\ ^{m}/_{s^2} \div 2 = 0,05\ ^{m}/_{s^2}$.

b) La masse diminue 5 fois, alors l'accélération augmente 5 fois. Vous avez donc

$a = 0,1 \ ^m/_{s^2} \times 5 = 0,5 \ ^m/_{s^2}$.

c) L'accélération augmente 4 fois $\left(\dfrac{0,4 \ ^m/_{s^2}}{0,1 \ ^m/_{s^2}} = 4 \right)$, alors la masse diminue 4 fois. Vous avez donc

$m = 10 \ kg \div 4 = 2,5 \ kg$.

RÉPONSE

a) $a = 0,05 \ ^m/_{s^2}$

b) $a = 0,5 \ ^m/_{s^2}$

c) $m = 2,5 \ kg$

59. [E](Obj. 4.2 et 4.3) Un mobile est accéléré sous l'action d'une force constante. Lequel des énoncés ci-dessous est faux?

A) L'accélération du mobile est directement proportionnelle à la force résultante.

B) L'accélération du mobile est directement proportionnelle à sa masse.

C) L'accélération du mobile est dans la même direction que la force résultante.

D) L'accélération du mobile augmente sous l'action de la force résultante.

SOLUTION

Appliquez la deuxième loi de Newton, $F = m \, a$.

Vous pouvez en tirer les conclusions suivantes :

1. $a \propto F$

2. $a \propto \dfrac{1}{m}$

3. le vecteur $\vec{F}$ a la même direction et le même sens que le vecteur $\vec{a}$.

Les énoncés A), C) et D) sont donc vrais.

RÉPONSE

B)

60. (Obj. 4.2 et 4.3) Remplissez correctement le tableau suivant :

Grandeur	Symbole	Unité	Symbole de l'unité
		mètre par seconde au carré	
distance			
	m		kg
			m/s
temps			
	F		
constante de rappel d'un ressort	k		

RÉPONSE

Grandeur	Symbole	Unité	Symbole de l'unité
accélération	a	mètre par seconde au carré	m/s^2
distance	Δs	**mètre**	m
masse	m	**kilogramme**	kg
vitesse	v	**mètre par seconde**	m/s
temps	Δt	**seconde**	s
force	F	**newton**	N
constante de rappel d'un ressort	k	**newton par mètre**	N/m

61. (Obj. 4.2 et 4.3) La figure ci-dessous représente un bloc de bois soumis aux forces $\vec{F}_1$, $\vec{F}_2$, $\vec{F}_3$, $\vec{F}_4$ et $\vec{F}_5$.

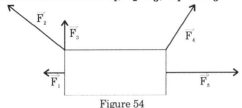

Figure 54

a) **Quelle force produit la plus grande accélération horizontale?**

b) **Quelle force produit la plus petite accélération horizontale non nulle?**

c) **Quelle force produit une accélération horizontale nulle?**

SOLUTION

En vertu de la deuxième loi de Newton, entre l'accélération et la force est établie une relation de la proportionnalité directe. Puisque le dessin est à l'échelle, alors la plus grande force produit la plus grande accélération.

 Le sens de l'accélération est le même que celui de la force, alors ici ce n'est que la composante horizontale de la force qui produit l'accélération horizontale.

RÉPONSE

a) $\vec{F}_5$

b) $\vec{F}_1$

c) $\vec{F}_3$

62. (Obj. 4.2 et 4.3) Pour les chariots suivants, calculez les grandeurs d'accélération (le frottement est négligeable).

a)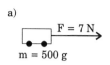

F = 7 N

m = 500 g

b)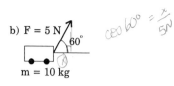

F = 5 N 60°

m = 10 kg

$cos\ 60° = \frac{x}{5N}$

F₂ = 800 N

F₁ = 600 N

c)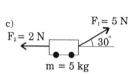

F₁ = 5 N

F₂ = 2 N 30°

m = 5 kg

d)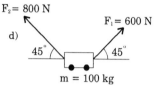

45° 45°

m = 100 kg

Figure 55

SOLUTION

a) Données :   F = 7 N

m = 500 g = 0,5 kg

Inconnue :   a = ?

Formule : $F = m\ a$, d'où $a = \dfrac{F}{a}$

Pour obtenir l'accélération avec l'unité $^m/_{s^2}$, assurez-vous bien que la force soit exprimée en newtons (N) et la masse en kilogrammes (kg).

Calcul :

$$a = \frac{F}{m} = \frac{7\ N}{0,5\ kg} = 14\ ^m/_{s^2}$$

b) Données : $\vec{F}$ = 5 N à 60 °

m = 10 kg

Inconnue :   a = ?

Formule : $a = \dfrac{F_d}{m}$

D'abord, il faut trouver la composante F_d de la force $\vec{F}$ qui agit dans la direction du déplacement. Puisque le déplacement est horizontal, vous devez déterminer la composante horizontale (voir la figure 56).

Figure 56

Vous avez

$F_d = F \cos 60° = 5\ N \times 0,5 = 2,5\ N.$

Ainsi

$a = \dfrac{2,5\ N}{10\ kg} = 0,25\ ^m/_{s^2}\ .$

c) Données : $\vec{F}_1 = 5\ N$ à $30°$

$\vec{F}_2 = 2\ N$ à $180°$

$m = 5\ kg$

Inconnue : $a = ?$

Formule : $a = \dfrac{F_d}{m}$

F_d est la composante horizontale de la résultante des forces $\vec{F}_1$ et $\vec{F}_2$. Par la méthode des composantes, vous trouvez

force	composante horiontale F_x
$\vec{F}_1$	$F_1 \cos 30° = 5\ N \times \dfrac{\sqrt{3}}{2} = 4,33\ N$
$\vec{F}_2$	$-2\ N$
$\vec{F}_3$	$4,33\ N - 2\ N = 2,33\ N = F_d$

Alors,

$a = \dfrac{F_d}{m} = \dfrac{2,33\ N}{5\ kg} = 0,47\ ^m/_{s^2}\ .$

REMARQUE Une force agissant vers la gauche (vers l'ouest) est, par convention, considérée comme négative.

Une force agissant vers la droite (vers l'est) est, par convention, considérée comme positive.

d) Données : $\vec{F}_1$ = 600 N à 45°

$\vec{F}_2$ = 800 N à 180° – 45° = 135°

m = 100 kg

Inconnue : a = ?

Formule : $a = \dfrac{F_d}{m}$

Par la méthode des composantes, vous trouvez

force	composante horiontale F_x
$\vec{F}_1$	600 N × cos 45° = 424,3 N
$\vec{F}_2$	– (800 N × cos 45°) = – 565,1 N
$\vec{F}_3$	424,3 N – 565,1 N = – 141,4 N = F_d

Alors,

$$a = \frac{-141,4\,\text{N}}{100\,\text{kg}} = -1,41 \ ^m\!/\!_{s^2} .$$

REMARQUE Le signe négatif de l'accélération signifie que le chariot se déplace vers la gauche.

RÉPONSE

a) $a = 14 \ ^m\!/\!_{s^2}$

b) $a = 0,25 \ ^m\!/\!_{s^2}$

c) $a = 0,47 \ ^m\!/\!_{s^2}$

d) $a = -1,41 \ ^m\!/\!_{s^2}$

63. (Obj. 4.3 et 4.8) Une auto de 2000 kg roulant à une vitesse de 10 $\frac{m}{s}$ accélère pour atteindre la vitesse de 34 $\frac{m}{s}$ après avoir parcouru une distance de 264 m. Quelle est la force développée par le moteur?

Vi = 10   Vf = 34

Δs = 264m

a = ? 2m/s

SOLUTION

Données :   m = 2000 kg

v$_i$ = 10 $\frac{m}{s}$

v$_f$ = 34 $\frac{m}{s}$

Δs = 264 m

Inconnue :   F = ?

Formule :   F = m a

Pour appliquer cette formule, vous devez d'abord trouver l'accélération a.

1re étape

Inconnue :   a = ?

Formule : $v_f^2 = v_i^2 + 2\,a\,\Delta s$

Vous trouvez

$$a = \frac{(v_f^2 - v_i^2)}{2\,\Delta s} = \frac{(34\,\frac{m}{s})^2 - (10\,\frac{m}{s})^2}{2 \times 264\ m} = 2\ \frac{m}{s^2}\,.$$

2e étape

Inconnue :   F = ?

Formule :   F = m a

Calcul :

F = m a = 2000 kg × 2 $\frac{m}{s^2}$ = 4000 N

RÉPONSE

12 = 1,5 × 0{

F = 4000 N

64. (Obj. 4.3) Un chariot de 10 kg, initialement au repos, est soumis à une force constante et horizontale de 15 N.

a) Calculez le temps nécessaire pour que le chariot atteigne une vitesse de 12 $\frac{m}{s}$.

b) Quelle serait l'accélération si la force faisait 30° avec l'horizontale?

a = 1,5 m/s^2   *Δt = ?*

15N/30°

SOLUTION

Données :   m = 10 kg

$v_i = 0 \text{ m/s}$

$v_f = 12 \text{ m/s}$

F = 15 N

a)   Inconnue : $\Delta t = ?$

Formule : $v_f = v_i + a\,\Delta t$

Pour appliquer cette formule, vous devez d'abord trouver l'accélération a.

1re étape

Inconnue :   a = ?

Formule :   F = m a

Calcul :

En isolant a, vous obtenez

$$a = \frac{F}{m} = \frac{15 \text{ N}}{10 \text{ kg}} = 1,5 \text{ m/s}^2 \,.$$

2e étape

Inconnue : $\Delta t = ?$

Formule : $v_f = v_i + a\,\Delta t$

Calcul :

En isolant Δt, vous obtenez

$$\Delta t = \frac{(v_f - v_i)}{a} = \frac{(12 \text{ m/s} - 0 \text{ m/s})}{1,5 \text{ m/s}^2} = 8 \text{ s}.$$

b)   Inconnue :   a = ?

Formule : $F_d = m a$

Pour appliquer cette formule, vous devez d'abord trouver la composante horizontale F_d de la force $\vec{F}$.

Le mouvement d'un objet est causé par la composante de la force parallèle au déplacement.

Figure 57

Ici, vous avez

$F_d = 15$ N $\times \cos 30^\circ = 13$ N.

Ainsi,

$a = \dfrac{F}{m} = \dfrac{13 \text{ N}}{10 \text{ kg}} = 1,3 \text{ }^m/_{s^2}$.

RÉPONSE

a) $\Delta t = 8$ s

b) $a = 1,3 \text{ }^m/_{s^2}$

(handwritten notes:) $a = ?$ $\Delta_{\mathcal{R}} = 600\,m$ $Vi = 80\,Km/h = 22,22$ $Vf = 0$

65. (Obj. 4.3) Une voiture d'une masse de 800 kg roule à une vitesse de 80 $^{km}/_h$. En appliquant les freins, on a réussi à l'arrêter en 600 m.

Quelle force de freins a-t-on appliquée pour immobiliser cette voiture?

SOLUTION

Données : $m = 800$ kg

$v_i = 80 \text{ }^{km}/_h = \dfrac{80\,000 \text{ m}}{3600 \text{ s}} = 22,2 \text{ }^m/_s$

$v_f = 0 \text{ }^m/_s$

$\Delta s = 600$ m

Inconnue : $F = ?$

Formule : $F = m\,a$

Convertissez toujours les unités de toutes les quantités physiques en unités SI.

Pour appliquer cette formule vous devez d'abord trouver l'accélération a.

1re étape

Inconnue : a = ?

Formule : $v_f^2 = v_i^2 + 2\,a\,\Delta s$

Calcul :

En isolant a dans la formule, vous trouvez

$$a = \frac{(v_f^2 - v_i^2)}{2\,\Delta s} = \frac{(0\ ^m\!/_s)^2 - (22{,}2\ ^m\!/_s)^2}{2 \times 600\ m} = -0{,}41\ ^m\!/_{s^2}$$

REMARQUE Le signe négatif de l'accélération signifie que la voiture ralentit.

2e étape

Inconnue : F = ?

Formule : F = m a

Calcul :

$F = m\,a = 800\ kg \times 0{,}41\ ^m\!/_{s^2} = 328\ N$

REMARQUE Par la formule F = m a, vous avez calculé la grandeur de la force $\vec{F}$. L'accélération étant négative, la force $\vec{F}$ l'est aussi. Cela signifie que le sens de la force $\vec{F}$ est contraire au déplacement, c'est-à-dire que $\vec{F}$ est la force de freinage.

RÉPONSE

F = 328 N

66. (Obj. 4.4) À une distance d, deux corps de masse m_1 et m_2 sont attirés avec la force d'attraction $\vec{F_g}$.

a) Qu'arrive-t-il à $\vec{F_g}$ si on double m_1 et qu'on divise m_2 par 3?

b) Qu'arrive-t-il à $\vec{F_g}$ si on triple la distance?

c) Qu'arrive-t-il à $\vec{F_g}$ si on double la distance entre les corps en triplant la masse de chacun?

SOLUTION

Soit $\vec{F}_g$, la force d'attraction initiale, et $\vec{F'}_g$, la force d'attraction après les modifications.

Pour la force initiale, vous avez

$$F_g = G \frac{m_1 \times m_2}{d^2}.$$

 De la formule ci-dessus, vous pouvez constater que :
- $F_g \propto m_1$ (proportionnalité directe);
- $F_g \propto m_2$ (proportionnalité directe);
- $F_g \propto \dfrac{1}{d^2}$ (proportionnalité inverse).

---

a) La masse m_1 double, alors la force double.

La masse m_2 diminue 3 fois, alors la force diminue 3 fois.

La grandeur de la nouvelle force d'attraction sera donc $F'_g = \frac{2}{3} F_g$.

Vous pouvez obtenir le même résultat par le calcul.

Pour $m'_1 = 2\,m_1$, $m'_2 = \frac{1}{3}\,m_2$ et $d' = d$, vous avez

$$F'_g = G \frac{m'_1 \times m'_2}{(d')^2} = G \frac{2m_1 \times \frac{m_2}{3}}{d^2} = \frac{2}{3} G \frac{m_1 \times m_2}{d^2} = \frac{2}{3} F_g$$

b) La distance triple, alors son carré augmente 9 fois. Par la propriété $F_g \propto \dfrac{1}{d^2}$, vous avez

d^2 augmente 9 fois $\Rightarrow F_g$ diminue 9 fois.

La grandeur de la nouvelle force d'attraction sera donc $F'_g = \frac{1}{9} F_g$.

Par le calcul, vous trouvez

pour $m'_1 = m_1$, $m'_2 = m_2$ et $d' = 3\,d$

$$F'_g = G \frac{m'_1 \times m'_2}{(d')^2} = G \frac{m_1 \times m_2}{(3d)^2} = \frac{1}{9} G \frac{m_1 \times m_2}{d^2} = \frac{1}{9} F_g.$$

c) La masse m_1 triple, alors la force triple, la masse m_2 triple, alors la force triple, la distance double, alors son carrée augmente 4 fois et la force diminue 4 fois. La grandeur de la nouvelle force d'attraction sera

$F'_g = (3 \times 3 \times \frac{1}{4}) F_g = \frac{9}{4} F_g$.

Vous obtenez le même résultat en substituant dans la formule les données modifiées.

RÉPONSE

a) $F'_g = \frac{2}{3} F_g$

b) $F'_g = \frac{1}{9} F_g$

c) $F'_g = \frac{9}{4} F_g$

67. (Obj. 4.4) Un astronaute et son équipement ont un poids total de 2940 N sur la terre. Cet astronaute se rend sur une autre planète où un objet en chute libre subit une accélération de 2,3 $\frac{m}{s^2}$. Quel est le poids total de l'astronaute et de son équipement sur cette planète?

A) 3×10^2 N

B) $6,9 \times 10^2$ N

C) $1,3 \times 10^3$ N

D) $2,9 \times 10^3$ N

SOLUTION

Données : $F_g = 2940$ N

$a_p = 2,3 \frac{m}{s^2}$ (accélération sur la planète)

$g = 9,8 \frac{m}{s^2}$ (accélération sur la terre)

Inconnue : $F_p = ?$

Formule : $F_p = m\, a_p$

Pour appliquer cette formule, vous devez d'abord trouver la masse de l'astronaute avec son équipement.

1re étape

Inconnue : $m = ?$

Formule : $F_g = m\, g$

Calcul :

En isolant m, vous obtenez

$$m = \frac{F_g}{g} = \frac{2940 \text{ N}}{9,8 \text{ }\frac{m}{s^2}} = 300 \text{ kg}$$

2e étape

Inconnue : $F_p = ?$

Formule : $F_p = m \text{ } a_p$

Calcul :

$F_p = m \text{ } a_p = 300 \text{ kg} \times 2,3 \text{ }\frac{m}{s^2} = 690 \text{ N} = 6,9 \times 10^2 \text{ N}$

RÉPONSE

B)

68. (Obj. 4.4) Un astronaute de masse de 75 kg part vers une planète de masse 5 fois plus petite et de diamètre 2 fois plus petit que la terre.

a) Quelle sera sa masse sur cette planète?

b) Quel sera son poids sur cette planète?

c) Quel sera son poids à une altitude égale au triple du rayon de cette planète?

SOLUTION

a) La masse étant une quantité de la matière reste constante à n'importe quelle altitude et sur n'importe quelle planète. Alors la masse de l'astronaute sur cette planète est de 75 kg.

b) Le poids de l'astronaute sur la terre est

$F_{g_t} = m \text{ } g = 75 \text{ kg} \times 9,8 \text{ }\frac{m}{s^2} = 735 \text{ N}$

Le poids d'un objet sur une planète étant la force d'attraction entre cet objet et la planète est donné par la formule

$$F_{g_p} = G \frac{m \times m_p}{r^2} \text{ },$$

où m est la masse de l'objet, m_p la masse de la planète et r le rayon de la planète (qui est la distance d entre les deux masses). La masse m_p de la planète étant 5 fois plus petite que celle de la terre, le poids est aussi 5 fois plus petit. De plus, le rayon de la planète, donc la distance, étant 2 fois plus petit, le poids est 4 fois plus grand que celui sur la terre. Finalement, vous trouvez

$$F_{g_p} = \frac{4}{5} F_{g_t} = \frac{4}{5} \times 735 \text{ N} = 588 \text{ N}.$$

Vous pouvez aussi résoudre ce problème par le calcul comme suit :

Données : m = 75 kg

$m_p = \frac{1}{5} m_t$ (m_p et m_t sont respectivement les masses de la planète et de la terre)

$r_p = \frac{1}{2} r_t$ (r_p et r_t sont respectivement les rayons de la planète et de la terre)

$F_{g_t} = 735 \text{ N}$

Inconnue : $F_{g_p} = ?$

Formule : $F_{g_p} = G \dfrac{m \times m_p}{(r_p)^2}$

Calcul :

$$F_{g_p} = G \frac{m \times m_p}{(r_p)^2} = G \frac{m \times \frac{m_t}{5}}{\left(\frac{r_t}{2}\right)^2} = \frac{4}{5} G \frac{m \times m_t}{r_t^2} = \frac{4}{5} F_{g_t} = \frac{4}{5} \times 735 \text{ N}$$

$$= 588 \text{ N}$$

c) La distance de l'astronaute à l'altitude A = 3 r_p est

d = 3r_p + r_p = 4 r_p.

N'oubliez pas qu'une altitude n'est pas une distance, et que d = A + r.

La distance augmente 4 fois, alors la force d'attraction diminue 16 fois. Vous obtenez donc

$$F'_{g_p} = \frac{1}{16} F_{g_p} = \frac{1}{16} \times 588 \text{ N} = 36,75 \text{ N}.$$

RÉPONSE

a) m = 75 kg

b) $F_{g_p} = 588 \text{ N}$

c) $F_{g_p} = 36,75 \text{ N}$

69. (Obj. 4.4) Un homme de 70 kg est debout dans un ascenseur.

a) **Quel est son poids apparent si l'ascenseur monte avec une accélération de 1 m/s^2 ?**

b) **Quel est son poids apparent si l'ascenseur descend avec une accélération de 1 m/s^2 ?**

c) **Quel est son poids apparent si l'ascenseur monte à une vitesse constante de 5 m/s ?**

SOLUTION

a) Données :   m = 70 kg

   $g = -9,8 \ m/s^2$

   $a = 1 \ m/s^2$ (l'ascenseur monte, donc l'accélération est positive)

Inconnue : $P_{app} = ?$

Formule : $P_{app} = P_{réel} - F$

Calcul :

$P_{app} = P_{réel} - F = mg - ma = m(g - a)$
$= 70 \ kg \ (-9,8 \ m/s^2 - 1 \ m/s^2) = 70 \ kg \ (-10,8 \ m/s^2) = -756 \ N$

REMARQUE

• Le poids d'un objet est une force dirigée vers le bas, donc négative.

• Le poids apparent est plus grand que le poids réel pendant que l'ascenseur accélère vers le haut.

---

b) Données :   m = 70 kg

   $g = -9,8 \ m/s^2$

a = −1 m/s^2 (l'ascenseur descend, donc l'accélération est négative)

Inconnue : $P_{app} = ?$

Formule : $P_{app} = P_{réel} - F$

Calcul :

$P_{app} = P_{réel} - F = mg - ma = m(g - a)$
$= 70 \ kg \ [-9,8 \ m/s^2 - (-1 \ m/s^2)] = 70 \ kg \ (-8,8 \ m/s^2) = -616 \ N$

REMARQUE Le poids apparent est plus petit que le poids réel pendant que l'ascenseur accélère vers le bas.

c) Données : $g = -9{,}8 \text{ m/s}^2$

$v = 5 \text{ m/s}$ (l'ascenseur monte, donc la vitesse est positive)

$m = 70 \text{ kg}$

Inconnue : $P_{app} = ?$

Formule : $P_{app} = P_{réel} - F$

Calcul :

L'ascenseur monte à une vitesse constante, son accélération est donc nulle ($a = 0$). Alors

$P_{app} = P_{réel} - F = mg - ma = mg = 70 \text{ kg} (-9{,}8 \text{ m/s}^2)$
$= -686 \text{ N}$.

 REMARQUE Le poids apparent est le même que le poids réel pendant que l'ascenseur monte ou descend à une vitesse constante.

RÉPONSE

a) $P_{app} = -756 \text{ N}$

b) $P_{app} = -616 \text{ N}$

c) $P_{app} = -686 \text{ N}$

70. (Obj. 4.6) On traîne un objet lourd sur une plateforme horizontale. L'un des facteurs énumérés ci-dessous n'a aucune influence sur la grandeur de la force de frottement qui existe entre l'objet et la plateforme. Quel est ce facteur?

A) La nature des surfaces en contact.

B) La grandeur des surfaces en contact.

C) Le poids de l'objet.

D) La présence d'un lubrifiant entre les surfaces en contact.

SOLUTION

La grandeur de la force de frottement :
- dépend de la nature de la surface en contact;
- dépend d'un lubrifiant entre les surfaces en contact;
- est directement proportionnelle au poids de l'objet;
- ne dépend pas de la grandeur des surfaces en contact.

RÉPONSE

B)

71. (Obj. 4.8) On applique une force horizontale de 6 N sur un bloc de 15 kg pour le maintenir à une vitesse constante sur une surface horizontale.

a) Quelle est la grandeur de la force de frottement entre ce bloc et la surface?

b) Quelle serait la grandeur de la force de frottement si on remplaçait ce bloc par un autre bloc d'une grandeur de surface en contact deux fois plus petite?

c) Quelle serait la grandeur de la force de frottement si on remplaçait ce bloc par un autre bloc de 45 kg?

SOLUTION

a) Aussi longtemps que le bloc se déplace avec une vitesse constante, la force de frottement est égale en grandeur à la force appliquée, mais de sens opposé. À partir du moment où le bloc commence à accélérer, le frottement est moins important que la force appliquée.

Alors : $F_{fr} = 6$ N.

b) La force de frottement ne dépend pas de la grandeur des surfaces en contact.

Alors : $F_{fr} = 6$ N.

c) La force de frottement est directement proportionnelle au poids de l'objet.

Alors : $F_{fr} = 3 \times 6$ N $= 18$ N.

RÉPONSE

a) $F_{fr} = 6$ N

b) $F_{fr} = 6$ N

c) $F_{fr} = 18$ N

72. (Obj. 4.5) Une voiturette de 500 g du petit Nicolas est traînée horizontalement par lui avec une vitesse constante de 2 $^m/_s$. Il cesse de la traîner et elle s'arrête en 4 s. Quelle est la grandeur de la force de frottement que cette voiturette subit?

SOLUTION

Données :   m = 500 g = 0,5 kg

$v_i = 2$ $^m/_s$

$v_f = 0$ $^m/_s$

$\Delta t = 4$ s

Inconnue : $F_{fr} = ?$

Formule : $F = m\,a$

 REMARQUE • En vertu de la première loi de Newton, la résultante de toutes les forces agissant sur la voiturette est nulle. C'est-à-dire que la force de frottement est équilibrée par la force avec laquelle Nicolas traîne cette voiturette (elles sont de grandeurs égales mais de sens opposés).

• Au moment où Nicolas cesse de traîner la voiturette, la force de frottement n'est plus équilibrée, alors le mobile commence à ralentir (rappelez-vous ici de la deuxième loi de Newton).

La force de frottement $\bar{F}_{fr}$ cause une accélération négative a, telle que $F_{fr} = m\,a$.

Pour appliquer la formule $F = m\,a$, vous devez d'abord trouver l'accélération. Or,

$$a = \frac{v_f - v_i}{\Delta t} = \frac{0\,^m/_s - 2\,^m/_s}{4\ s} = -0,5\,^m/_{s^2}\ ,$$

vous trouvez

$F_{fr} = 0,5$ kg $\times - 0,5$ $^m/_{s^2} = - 0,25$ N.

La grandeur de la force de frottement est donc 0,25 N. Le signe négatif signifie que $\vec{F}_{fr}$ est une force de freinage, c'est-à-dire que son sens est opposé à celui du déplacement.

RÉPONSE

$F_{fr} = 0,25$ N

73. (Obj. 4.8) Un livre pesant 4 N est placé sur un plan incliné à 30° avec l'horizontale. Quelle est la force de frottement entre le plan et le livre lorsque ce livre glisse vers le bas avec une accélération de 0,2 $^m/_{s^2}$?

SOLUTION

Données : $F_g = 4$ N

   $a = 0,2$ $^m/_{s^2}$

   $\alpha = 30°$

Inconnue : $F_f = ?$

Le livre placé sur le plan incliné subit trois forces, soit :

$\vec{F}_g$ – le poids

$\vec{F}_N$ – la poussée (la force de réaction du plan qu'on appelle force normale au plan)

$\vec{F}_{fr}$ – la force de frottement

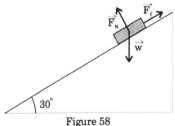

Figure 58

La résultante $\vec{F}_R$ de ces trois forces est la force qui cause l'accélération a = 0,2 $^m/_{s^2}$; alors, par la deuxième loi de Newton

$F_R = m\ a$,

où m $= \dfrac{F_g}{g} = \dfrac{4\ N}{9,8\,^m/_{s^2}} = 0,41$ kg.

Donc,

$F_R = 0,41$ kg $\times 0,2$ $\frac{m}{s^2}$ $= 0,082$ N.

On cherche maintenant la force de frottement. Pour faciliter le calcul, vous pouvez superposer un plan cartésien sur ce plan incliné (voir la figure 59).

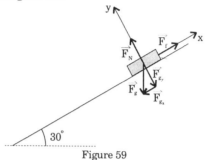

Figure 59

La composante de la résultante selon l'axe des y est nulle car le livre ne s'élève ni s'enfonce, alors $F_N = -F_{g_y}$. Cependant, la composante de la résultante selon l'axe des x ne l'est pas car le livre glisse sur le plan. Par la méthode des composantes, vous trouvez

force	F_x	F_y
	$-F_g \sin 30^\circ = -2$ N	$-F_g \cos 30^\circ = -2\sqrt{3}$ N
	0 N	$-F_{g\,y} = 2\sqrt{3}$ N
	F_{fr} (inconnue)	0 N
$\vec{F}_R$	$F_R = -0,082$ N	0

De l'équation

-2 N $+ 0$ N $+ F_{fr} = -0,082$ N,

vous trouvez

$F_{fr} = 2$ N $- 0,082$ N $= 1,918$ N.

RÉPONSE

F_{fr} = 1,918 N

74. ^{E}(Obj. 4.8) **Un bloc de 30 kg repose sur une table horizontale. Ce bloc est relié, par une corde, à une masse de 20 kg. Le frottement total du système est de 50 N. Vous voulez donner à ce système une accélération de 0,4 $\frac{m}{s^2}$ vers la gauche.**

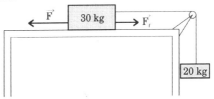

Figure 60

Quelle force vous faudra-t-il appliquer sur le système pour lui donner cette accélération?

SOLUTION

Données : m_1 = 30 kg

m_2 = 20 kg

F_{fr} = 50 N

a = –0,4 $\frac{m}{s^2}$ (déplacement vers la gauche)

Inconnue : F = ?

Le bloc est soumis à cinq forces, soit :

$\vec{F}_g$ – le poids de la masse m_1 (force horizontale, dirigée vers le bas)

$\vec{F}$ – la force appliquée vers la gauche

$\vec{F}_{fr}$ – la force de frottement (force horizontale, dirigée vers la droite)

$\vec{F}_N$ – la poussée (force verticale, dirigée vers le haut)

$\vec{F}_1$ – la force exercée par la masse m_2 de 20 kg (force horizontale, dirigée vers la droite)

La force résultante est

$\vec{F}_R = \vec{F}_g + \vec{F} + \vec{F}_{fr} + \vec{F}_N + \vec{F}_1$.

Cette force cause l'accélération a; alors, par la deuxième loi de Newton, vous avez

$F_R = m_1\, a$.

De plus,

$\vec{F}_g + \vec{F}_N = \vec{0}$ (le bloc ne s'élève ni ne s'enfonce). Vous avez donc
$\vec{F}_R = \vec{F} + \ + \vec{F}_1$.

D'où

$\vec{F} = \vec{F}_R - \vec{F}_{fr} - \vec{F}_1$

et finalement

$F = 30 \text{ kg} \times (-0{,}4 \ ^m/_{s^2}) - 50 \text{ N} - 20 \text{ kg} \times 9{,}8 \ ^m/_{s^2}$
$= -1{,}2 \text{ N} - 50 \text{ N} - 198 \text{ N} = -258 \text{ N}$.

Le signe négatif indique que cette force est dirigée vers la gauche.

RÉPONSE

Il vous faudra appliquer une force de 258 N dirigée vers la gauche.

LE TRAVAIL, LA PUISSANCE ET LES MACHINES SIMPLES

Vous devez savoir choisir une machine simple pour effectuer un travail donné en vous référant à ses qualités caractéristiques que vous avez analysées en situation de laboratoire.

Objectifs intermédiaires	Contenus
5.1	Les machines simples
5.2	Le travail mécanique
5.3	Le rendement d'une machine
5.4	La puissance mécanique
5.5	Exercices numériques et graphiques relatifs aux machines simples

75. [E](Obj. 5.1) **L'illustration ci-dessous représente un camion équipé de plusieurs machines simples ou composées. Quatre de ces machines y sont identifiées.**

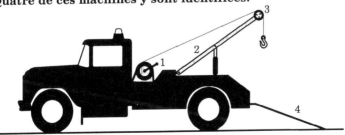

Figure 61

Quelles machines sont des leviers?

A) 1 et 2

B) 1 et 4

C) 2 et 3

D) 3 et 4

SOLUTION

On appelle **levier** une barre rigide sur laquelle s'appliquent deux forces opposées autour d'un point fixe, appelé **point d'appui**.

La force appliquée pour déplacer un objet s'appelle **force motrice** et celle qui empêche un objet de bouger s'appelle **force résistante**.

Sur l'illustration, seules les machines 1 et 2 correspondent bien à la définition du levier.

RÉPONSE

A)

76. (Obj. 5.1 et 5.2) Voici les trois types de leviers.

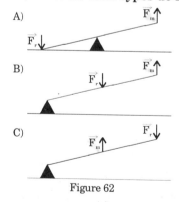

Figure 62

Identifiez-les et complétez le texte avec les mots clés : motrice, résistante, entre.

Un levier est actionné par une force .... agissant contre une force .... Dans le levier inter-appui, le point d'appui est situé .... le point d'application de la force motrice et de la force résistante. Dans le levier inter-résistant, le point d'application de la force .... est entre le point d'appui et le point d'application de la force .... Dans le levier inter-effort, la force .... est entre le point d'appui et le point d'application de la force ....

RÉPONSE

Un levier est actionné par une force **motrice** agissant contre une force **résistante**. Dans le levier inter-appui, le point d'appui est situé **entre** le point d'application de la force motrice et de la force résistante. Dans le levier inter-résistant, le point d'application de la force **résistante** est entre le point d'appui et le point d'application de la force **motrice**. Dans le levier inter-effort, la force **motrice** est entre le point d'appui et le point d'application de la force **résistante**.

A) Le levier inter-appui

B) Le levier inter-résistant

C) Le levier inter-effort

77. (Obj. 5.1 et 5.2) Associez correctement au nom de la machine simple la formule de son avantage mécanique.

Machines simples

A) Le levier inter-appui (la manivelle)

B) La roue

C) La poulie fixe

D) La poulie mobile

E) Le plan incliné

Avantage mécanique

1. AM = 1

2. $AM = \dfrac{1}{\sin\Theta}$

3. $AM = \dfrac{R}{r}$

4. $AM = \dfrac{I_m}{I_r}$

5. $AM = 2$

SOLUTION

 L'**avantage mécanique**, noté AM, est le rapport de la force fournie par la machine sur la force appliquée sur la machine.

 La force fournie par la machine étant une force résistante, et la force appliquée sur la machine étant une force motrice, l'avantage mécanique est donné par la formule

$$AM = \dfrac{F_r}{F_m} \ .$$

RÉPONSE

A)   et 4   B)   et 3   C)   et 1   D)   et 5   E)   et 2

78. (Obj. 5.1 et 5.2) Un chariot de 200 kg pouvant glisser sans frottement sur un plan incliné à 30° est attaché à une masse m, par une corde passant sur une poulie.

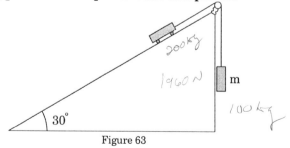

Figure 63

a) **Quelle masse est suspendue à la corde si le chariot monte à une vitesse constante?**

b) **Quel est l'avantage mécanique de ce plan incliné?**

SOLUTION

a) Un objet se déplace à une vitesse constante lorsque la résultante de toutes les forces qui agissent sur l'objet est nulle (1re loi de Newton).

Le chariot est soumis à trois forces :

$\vec{F}_g$ - le poids du chariot (force résistante), $F_g = 200$ kg $\times$ 9,8 $m/_{s^2}$ = 1960 N

$\vec{F}_N$ - la poussée (réaction du plan)

$\vec{F}_C$ - la force de tension de la corde due au poids () de la masse m suspendue à la corde (force motrice), $F = = m\,g$

Le chariot se déplace à une vitesse constante donc la résultante de ces trois forces est nulle,

$\vec{F}_R = \vec{F}_g + \vec{F}_N + \vec{F}_C = 0$.

Dans le repère xOy (voir la figure 59), vous avez

$\vec{F}_N = \vec{F}_{g_y}$ (la poussée équilibre la composante du poids perpendiculaire au plan).

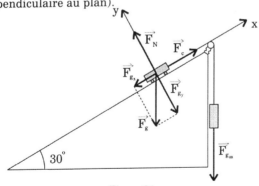

Figure 64

La force de la tension de la corde $\vec{F}_C$ équilibre donc la composante du poids parallèle au plan, soit F_{g_x}.

Puisque

$F_{g_x} = F_g \sin 30^\circ = 1960$ N $\times \frac{1}{2} = 980$ N

et $F = m\,g = 9,8$ $m/_{s^2} \times m$,

alors

980 N = 9,8 $\frac{m}{s^2}$ × m.

D'où

$$m = \frac{980 \text{ N}}{9,8 \frac{m}{s^2}} = 100 \text{ kg.}$$

b) Pour monter le chariot à une certaine hauteur h, il faut vaincre la pesanteur, alors

$F_r = F_g = 1960$ N.

La force motrice $\vec{F}_m = \vec{F}_C$, alors $F_m = 980$ N. Vous trouvez donc

$$AM = \frac{1960 \text{ N}}{980 \text{ N}} = 2.$$

 R EMARQUE Vous pouvez aussi trouver AM de la façon suivante. Puisque dans le montage il y a deux machines simples, un plan incliné dont l'avantage mécanique est

$$AM = \frac{1}{\sin\Theta} = \frac{1}{\sin 30^\circ} = 2$$

et une poulie fixe dont l'avantage mécanique est

AM = 1,

alors l'avantage mécanique du système correspond au produit de deux avantages mécaniques,

AM = 2 × 1 = 2.

RÉPONSE

a) m = 100 kg

b) AM = 2

 79. ^{E}(Obj. 5.1) Une manœuvre utilise un plan incliné et un treuil pour charger une lourde caisse sur une plateforme d'une hauteur de 1,5 m. Le cylindre du treuil a un rayon de 10 cm et la longueur du bras de la manivelle est de 40 cm. La caisse d'une masse de 200 kg est tirée sur le plan incliné d'une longueur de 3 m. Dans cette situation, on considère

que la force de frottement moyenne entre la caisse et le plan incliné est 10% du poids de la caisse. Quelle est la force exercée sur la manivelle pour effectuer ce travail?

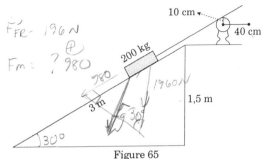

Figure 65

SOLUTION

Données : $h = 1,5$ m

$r = 10$ cm $= 0,10$ m

$l = 40$ cm $= 0,40$ m (longueur du bras de la manivelle)

$m = 200$ kg

$d = 3$ m

$F_f = 0,10\ F_g$

Inconnue : $F_m = ?$

La caisse est soumise à trois forces,

$\vec{F}_g$ - le poids de la caisse

$\vec{F}_N$ - la réaction du plan

$\vec{F}_C$ - la tension de la corde

$\vec{F}_{fr}$ - la force de frottement

Remarquez d'abord que ce plan incliné est un plan à 30° (le côté opposé à l'angle d'inclinaison est la moitié de l'hypoténuse) et superposez sur ce plan un repère xOy (voir la figure 61).

Le système étant en équilibre, vous avez

$$\vec{F}_R = \vec{F}_g + \vec{F}_N + \vec{F}_{fr} + \vec{F}_C = 0.$$

Puisque la force $\vec{F}_N$ est équilibrée par la composante $\vec{F}_{g_y}$ du poids (perpendiculaire au plan incliné), alors la force de tension de la corde doit équilibrer la somme de forces de frottement et la composante $\vec{F}_{g_x}$ du poids (parallèle au plan incliné).

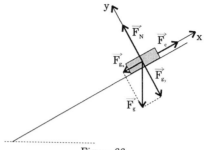

Figure 66

Ici, vous avez

$F_{fr} = 0{,}10\ F_g = 0{,}10\ m\ g = 0{,}10 \times 200\ \text{kg} \times 9,8\ ^m\!/_{s^2} = 196\ \text{N}$,

$F_{g_x} = F_g \sin 30^\circ = m\ g \times 0{,}5 = 980\ \text{N}$.

Alors

$F_C = F_{fr} + F_{gx} = 196\ \text{N} + 980\ \text{N} = 1176\ \text{N}$.

Ensuite, vous pouvez calculer la force motrice ($\vec{F}_m$) exercée par l'opérateur sur la manivelle (voir la figure 62).

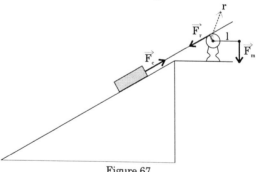

Figure 67

La condition d'équilibre pour un treille étant

$$\frac{F_r}{F_m} = \frac{1}{r},$$

où $\vec{F}_r$ est la force résistante, ici la force opposée à la force de tension de la corde, $\vec{F}_C$, et $\vec{F}_m$ est la force motrice, donc la force exercée par l'opérateur.

Vous obtenez

$$\frac{1176 \text{ N}}{F_m} = \frac{0,40 \text{ m}}{1,10 \text{ m}}.$$

D'où

$$F_m = \frac{1176 \text{ N} \times 0,10 \text{ m}}{0,40 \text{ m}} = 294 \text{ N}.$$

 REMARQUE   La force motrice (F_m = 294 N) est sensiblement inférieure à la force de tension de la corde (F_C = 1176 N). Le treuil permet donc de réduire l'effort à exercer pour remonter la caisse ou pour la maintenir en équilibre sur un plan incliné.

RÉPONSE

F_m = 294 N

80. (Obj. 5.1) Voici le treuil illustré ci-dessous.

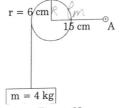

Figure 68

a) **Quelle force minimale faut-il appliquer pour soulever directement la masse donnée (si la corde ne s'enroule pas sur le cylindre du treuil)?**

b) **Déterminez la force motrice $\vec{F}_m$ et l'avantage mécanique de ce treuil.**

SOLUTION

a) L'objet est soumis à deux forces :

$\vec{F}_g$ - le poids, $F_g = m\,g = 4 \text{ kg} \times 9,8 \text{ }^m/_{s^2} = 39,2 \text{ N}$

$\vec{F}_C$ - la force de tension de la corde qui soulève l'objet

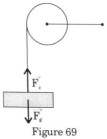

Figure 69

La force $\vec{F}_C$ est une force de sens opposé au poids et elle doit être plus grande (si l'objet monte en accélérant) ou égale (si l'objet est fixe ou monte à une vitesse constante) en grandeur à F_g. La grandeur minimale de cette force est donc 39,2 N.

b) La force résistante est la force opposée à la force de tension de la corde (voir la figure 65), vous avez donc

$F_r = F_C = 39,2$ N.

Par la formule

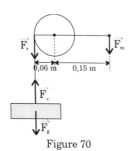

Figure 70

$$\frac{F_r}{F_m} = \frac{I_m}{I_r}$$

où $I_m = 0,15$ m et $I_r = 0,06$ m, vous trouvez

$$F_m = \frac{F_r \times I_r}{I_m} = \frac{39,2 \text{ N} \times 0,06 \text{ m}}{0,15 \text{ m}} = 15,68 \text{ N}.$$

Vous trouvez l'avantage mécanique d'un treuil par une des deux formules, soit

$$AM = \frac{F_r}{F_m},$$

soit

$$AM = \frac{I_m}{I_r}.$$
Ainsi,
$$AM = \frac{39,2 \text{ N}}{15,68 \text{ N}} = 2,5.$$

RÉPONSE

a) La force minimale est de 39,2 N

b) $F_m = 15,68$ N

AM = 2,5

81. [E](Obj. 5.1) Voici le système de poulies illustré ci-dessous.

Quel est l'avantage mécanique de l'agencement de ce système?

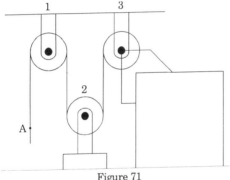

Figure 71

SOLUTION

L'avantage mécanique d'une poulie fixe (1re et 3e) est 1.

L'avantage mécanique d'une poulie mobile (2e) correspond au nombre de cordes qui se rattache à cette poulie mobile.

Vous avez ici 2 cordes rattachées à la poulie 2, donc l'avantage mécanique du système est

AM = 1 × 2 × 1 = 2.

RÉPONSE

AM = 2

82. (Obj. 5.2 et 5.4) Quel énoncé décrit le mieux le travail mécanique et lequel décrit le mieux la puissance?

A) Le produit d'une masse par une vitesse.

 B) Le produit de la composante de la force dans la direction du déplacement par la grandeur de ce déplacement.

C) Le produit de la composante de la force dans la direction du déplacement par l'intervalle de temps de l'application de cette force.

 D) Le quotient du travail par l'intervalle de temps requis pour accomplir ce travail.

E) Capacité d'effectuer un travail.

SOLUTION

 Le **travail mécanique** est le produit de la composante de la force dans la direction du déplacement, par ce déplacement.

La **puissance** est la quantité du travail qu'un système peut effectuer par unité de temps.

RÉPONSE

Le travail - B)

La puissance - D)

83. (Obj. 5.2 et 5.4) Remplissez le tableau suivant.

Grandeur	Formule	Symbole	Unité	Symbole de l'unité
Force	$F = m \cdot a$	F	Neutons	N
Travail	$W = F \cdot \Delta s$	W	Joules	J
Puissance	$P = \dfrac{W}{\Delta t}$	P	Watt	W

RÉPONSE

Grandeur	Formule	Symbole	Unité	Symbole de l'unité
Force	$F = m\,a$	F	newton	N
Travail	$W = F\Delta s$	W	joule	J
Puissance	$P = \dfrac{W}{\Delta t}$	P	watt	W

84. (Obj. 5.2) Un enfant tire son traîneau sur la distance de 60 m, en exerçant sur la corde une force de 80 N faisant un angle de 60° avec la direction horizontale. Calculez le travail effectué par l'enfant.

SOLUTION

Voici le schéma à l'echelle 1 cm = 20 N.

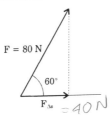

$F = 80$ N

$60°$

$F_{\Delta s} = 40$ N

Échelle : 1 cm = 20 N
Figure 72

La force $\vec{F}$ étant oblique, vous devez la décomposer en deux forces, une parallèle et l'autre perpendiculaire au déplacement.

 Seule la composante parallèle au déplacement effectue le travail. Le travail effectué par la composante de la force perpendiculaire au déplacement est nul.

Vous avez

$F_{\Delta}s = F \cos 60^\circ = 80 \text{ N} \times 0,5 \text{ N} = 40 \text{ N};$

alors,

$W = F_{\Delta}s \; \Delta s = 40 \text{ N} \times 60 \text{ m} = 2400 \text{ J}.$

RÉPONSE

$W = 2400 \text{ J}$

85. [E](Obj. 5.2) **Pour monter un baril de pétrole de 120 kg dans un camion, on se sert d'un plan incliné.**

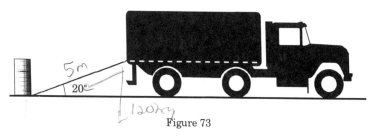

Figure 73

Ce plan a une longueur de 5 m et forme un angle de 20° avec l'horizontale. Si on néglige le frottement, quel travail faut-il fournir pour monter le baril?

A) $2,1 \times 10^2$ J

B) 2×10^3 J

C) $5,6 \times 10^3$ J

D) $5,9 \times 10^3$ J

SOLUTION

Données :   m = 120 kg

$\Delta s = 5$ m

$\alpha = 20^\circ$

Inconnue : W = ?

Formule : $W = F_{\Delta}s \times \Delta s$

Pour déplacer ce baril le long du plan incliné, il faut appliquer une force $\vec{F}_{\Delta s}$ qui équilibre la composante du poids parallèle au plan, soit $\vec{F}_{g_x}$. Vous trouvez d'abord

$F_{\Delta}s = F_{g_x} = F_g \sin 20^\circ = m\, g \sin 20^\circ = 120 \text{ kg} \times 9,8 \; {}^m\!/_{s^2} \times \sin 20^\circ$
$= 402,2 \text{ N}$

et ensuite, par la formule

$W = F_{\Delta s} \, \Delta s$,

vous trouvez

$W = 402,2 \text{ N} \times 5 \text{ m} = 2011 \text{ J} = 2,0 \times 10^3 \text{ J}$.

RÉPONSE

B)

86. [E](Obj. 5.1) **Une machine est constituée d'une poulie fixe et d'une poulie mobile pour soulever des masses.**

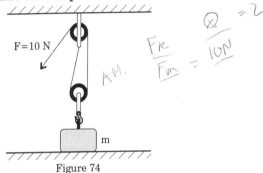

Figure 74

On exerce une force de 10 N pour soulever une masse m d'une hauteur de 0,5 m. Quel est le travail effectué pour soulever cette masse m?

SOLUTION

Données : $F = 10 \text{ N}$ (force motrice)

$\Delta s = 0,5 \text{ m}$

Inconnue : $W = ?$

Formule : $W = F_r \, \Delta s$

Vous cherchez d'abord la force résistante. L'avantage mécanique de cette machine est AM = 2 (une poulie fixe, AM = 1, et une poulie mobile, AM = 2). D'après la formule

$AM = \dfrac{F_r}{F_m}$,

vous trouvez

$F_r = AM \times F_m = 2 \times 10 \text{ N} = 20 \text{ N}$.

Ensuite, vous avez

W = 20 N × 0,5 m = 10 J.

RÉPONSE

W = 10 J

87. (Obj. 5.2) Un traîneau de masse de 20 kg a été déplacé de 5 m sur une surface horizontale à l'aide d'une force F = 100 N, parallèle au déplacement. La force de frottement équivaut à 2 % du poids du traineau. Quelle quantité de travail a été éffectuée contre l'inertie de ce traîneau?

SOLUTION

Données :   m = 20 kg

F = 100 N

Δs = 5 m

F_{fr} = 0,02 F_g = 0,02 m g = 0,02 × 20 kg × 9,8 $\text{m}/_{\text{s}^2}$
= 3,92 N

F_{FR} = 3,92N

Inconnue : W_i = ?

Le travail effectué par la force $\vec{F}$ est la somme du travail contre le frottement et du travail pour vaincre l'inertie.

$W_{total} = W_{fr} + W_i$

D'après les données, vous pouvez trouver le travail contre le frottement et le travail total effectué par la force $\vec{F}$.

$W_{fr} = F_{fr}\, \Delta s$ = 5,92 N × 5 m = 19,6 J

W_{total} = F Δs = 100 N × 5 m = 500 J

Ensuite, vous calculez la différence qui est le travail effectué contre l'inertie.

W_i = W_{total} - W_{fr} = 500 J - 19,6 J = 480,4 J

RÉPONSE

W_i = 480,4 J

88. (Obj. 5.3) À l'aide d'un palan, on a soulevé un moteur d'automobile pesant 2 500 N à une hauteur de 1,5 m. Pour

effectuer ce travail, on a tiré 4 m de chaîne avec une force de 1 600 N. Quel est le rendement de ce palan?

SOLUTION

Le rendement d'une machine est le quotient de l'énergie rendue par l'énergie consommée. Il est exprimé en pourcentage.

$$\text{Rendement } [\%] = \frac{\text{énergie rendue}}{\text{énergie consommée}} \times 100 \%$$

L'énergie rendue = 2 500 N × 1,5 m = 3 750 J

L'énergie consommée = 1 600 N × 4 m = 6 400 J

Ainsi :

$$\text{Rendement } [\%] = \frac{3750 \, \text{J}}{6400 \, \text{J}} \times 100 \% = 59 \%$$

RÉPONSE

Rendement [%] = 59 %

89. (Obj. 5.4) Un homme a mis une minute pour monter un bloc pesant 100 N à une hauteur de 3 m. Quelle puissance a dû développer cet homme pour soulever ce bloc?

SOLUTION

Données : F_g = 100 N

Δh = 3 m

Δt = 1 min = 60 s

Inconnue :   P = ?

Formule : $P = \dfrac{W}{\Delta t}$

Vous trouvez d'abord le travail fourni pour vaincre la pesanteur (on néglige la résistance de l'air).

W = F_g Δh = 100 N × 3 m = 300 J

Ensuite, vous trouvez

$$P = \frac{300\,J}{60\,s} = 5\,W.$$

RÉPONSE

P = 5 W

90. [E](Obj. 5.4) Un entrepreneur fait évaluer la puissance mécanique de chacune des quatre machines qu'il utilise pour effectuer des travaux d'excavation. Voici les données recueillies lors de l'évaluation.

Machine	Volume de terre soulevée (m^3)	Poids de terre soulevée (N)	Δh (m)	Δt (s)
bélier mécanique	15	900 000	1,4	300
chargeur à benne	10	560 000	3	210
pelle mécanique	12	600 000	2,7	180
rétrocaveuse	9	450 000	1,2	150

D'après ces données, quelle machine est la plus puissante?

A) Le bélier mécanique

B) Le chargeur à benne

C) La pelle mécanique

D) La rétrocaveuse

Note : Δh signifie l'élévation subie par le volume de terre.

Δt signifie le temps nécessaire pour soulever le volume de terre.

SOLUTION

En appliquant la formule

$$P = \frac{W}{\Delta t}$$

où $W = F_g\,\Delta h$,

vous calculez :

$$P_A = \frac{900\,000\,N \times 1,4\,m}{300\,s} = 4200\ W;$$

$$P_B = \frac{560\,000\,N \times 3\,m}{210\,s} = 8000\ W;$$

$$P_C = \frac{600\,000\,N \times 2,7\,m}{180\,s} = 9000\ W;$$

$$P_D = \frac{450\,000\,N \times 1,2\,m}{150\,s} = 3600\ W.$$

RÉPONSE

C)

L'ÉNERGIE MÉCANIQUE

Vous devez savoir démontrer que dans toute transformation d'énergie mécanique, il y a production de travail.

Objectifs intermédiaires	Contenus
6.1	L'énergie potentielle gravitationnelle
6.2	L'énergie cinétique
6.4	La conservation de l'énergie
6.5	Travail et chaleur
6.7	Problèmes sur les transformations d'énergie

91. (Obj. 6.1, 6.2 et 6.3) Associez les notions à leurs descriptions.

A) L'énergie potentielle gravitationnelle

B) L'énergie cinétique

C) L'énergie thermique

1. Énergie vibrationnelle interne associée au mouvement des particules qui constituent un corps

2. Énergie que possède un corps grâce à sa position à une hauteur d'un niveau de référence dans un champ de gravitation

3. Énergie que possède un corps en mouvement grâce à sa vitesse

SOLUTION

L'énergie potentielle gravitationnelle est l'énergie que possède un corps grâce à sa position à une hauteur d'un niveau de référence dans un champ de gravitation.

L'énergie cinétique est l'énergie que possède un corps en mouvement grâce à sa vitesse.

L'énergie thermique est l'énergie vibrationnelle interne associée au mouvement des particules qui constituent un corps.

RÉPONSE

A) et 2   B) et 3   C) et 1

92. (Obj. 6.1) Lesquels parmi les corps suivants possèdent de l'énergie potentielle gravitationnelle non nulle par rapport au sol?

A) Un avion qui vole à 1500 m d'altitude

B) Une dame qui monte du 1er au 5e étage

C) Une voiture qui se déplace sur une route horizontale

D) Un marteau qu'on laisse tomber d'une hauteur au moment où il touche le sol

E) Un objet au repos sur une table

SOLUTION

Tout corps placé au-dessus du sol possède, par rapport au sol, de l'énergie potentielle gravitationnelle. Les objets qui se trouvent sur la surface de la terre (la voiture qui se déplace sur une route, le marteau qui touche le sol) possèdent de l'énergie potentielle gravitationnelle nulle, ils sont situés sur une hauteur nulle par rapport au sol.

RÉPONSE

A), B) et E)

93. (Obj. 6.1) Un garçon est assis sur une branche d'un arbre. Son énergie potentielle gravitationnelle est :

A) directement proportionnelle au carré de la hauteur de la branche;

B) inversement proportionnelle au carré de la hauteur de la branche;

C) indépendante de la hauteur de la branche;

D) inversement proportionnelle à la hauteur de la branche;

E) directement proportionnelle à la hauteur de la branche.

SOLUTION

- Il y a trois facteurs qui déterminent la quantité de l'énergie potentielle gravitationnelle :

  – la masse d'un objet (m);

  – la hauteur (h);

  – l'accélération gravitationnelle (g).

  Ces trois facteurs sont reliés à l'énergie par l'équation :

  $$E_p = m\, g\, h$$

  où la masse m est exprimée en kilogrammes (kg), l'accélération terrestre g en mètres par seconde au carré ($^m/_{s^2}$) et la hauteur h en mètres (m).

  L'unité de l'énergie potentielle E_p est donc $^{kg \times m^2}/_{s^2}$, appelée Joules (J).

- L'énergie potentielle gravitationnelle d'un objet est directement proportionnelle à la masse m de cet objet et à sa hauteur par rapport au sol h (si la hauteur augmente, l'énergie potentielle gravitationnelle augmente aussi).

RÉPONSE

E)

94. (Obj. 6.1) Un homme d'une masse de 80 kg prend l'escalier pour monter du 2ᵉ au 8ᵉ étage. La distance entre deux étages consécutifs est de 2,8 m. Calculez la variation de son énergie potentielle.

SOLUTION

Données :   m = 80 kg

$h_1 = 8 \times 2,8$ m = 22,4 m

$h_2 = 2 \times 2,8$ m = 5,6 m

$g = 9,8 \frac{m}{s^2}$

Inconnue : $\Delta E_p = ?$

Formule : $\Delta E_p = E_1 - E_2 = m\,g\,h_1 - m\,g\,h_2$

Calcul :

$\Delta E_p = mgh_1 - mgh_2 = mg\,(h_1 - h_2) = 80$ kg $\times 9,8 \frac{m}{s^2} \times (22,4$ m $- 5,6$ m$) = 13171,2$ J

RÉPONSE

$\Delta E_p = 13171,2$ J

95. (Obj. 6.2) Lorsqu'on double la vitesse d'un mobile, son énergie cinétique :

A) double;

B) est deux fois plus petite;

C) est quatre fois plus petite;

D) est quatre fois plus grande;

E) ne change pas.

SOLUTION

- Tout corps en mouvement possède de l'énergie cinétique exprimée par l'expression :

  $E_k = \frac{1}{2}\,m\,v^2$

  où la masse m est exprimée en kilogrammes (kg), la vitesse v en mètres par seconde ($\frac{m}{s}$). L'énergie cinétique E_k est donc exprimée en $\frac{kg \times m^2}{s^2}$ qui équivaut à Joules (J).

> • L'énergie cinétique est directement proportionnelle à la masse d'un objet et au carré de la vitesse de l'objet en mouvement.

RÉPONSE

D)

96. (Obj. 6.2) Un mobile de 4 kg roule à une vitesse constante de 10 $\frac{m}{s}$ (on néglige le frottement) sur un plan horizontal. Après un freinage, le mobile s'arrête en 5 m.
a) Quel est le travail effectué par la force de freinage?
b) Quelle est la variation de l'énergie cinétique de ce mobile?

SOLUTION

Données :   m = 4 kg

$v_i = 10 \frac{m}{s}$

$v_f = 0 \frac{m}{s}$

$\Delta s = 5$ m

a)   Inconnue :   W = ?

Formule :   W = F Δs, où F = m a   (2e loi de Newton)

Pour appliquer cette formule, vous devez d'abord trouver l'accélération due à la force de freinage, déterminer la force de freinage et ensuite la quantité de travail qu'il faut fournir pour arrêter ce mobile.

1re étape

Inconnue :   a = ?

Formule : $v_f^2 - v_i^2 = 2a\Delta s$

En isolant a, vous trouvez

$$a = \frac{v_f^2 - v_i^2}{2\Delta s} = \frac{\left(0 \frac{m}{s^2}\right)^2 - \left(10 \frac{m}{s^2}\right)^2}{2} \times 5 \text{ m} = -10 \frac{m}{s^2}.$$

Le signe négatif de l'accélération signifie que le mobile ralentit.

2e étape

Inconnue :   F = ?

Formule :   F = m a

Calcul :

F = 4 kg × 10 $\frac{m}{s^2}$ = 40 N

3e étape

Inconnue : W = ?

Calcul :

W = F × Δs = 40 N × 5 m = 200 J

REMARQUE   De la formule W = F Δs, on déduit une unité de travail N m, qui équivaut aussi à Joule.

---

b) Inconnue : ΔE_k = ?

Formule : $\Delta E_k = E_1 - E_2$, où $E_1 = \frac{1}{2}$ m v_i^2 et $E_2 = \frac{1}{2}$ m v_f^2.

Calcul :

$\Delta E_k = \frac{1}{2} \times 4 \text{ kg} \times (10 \frac{m}{s^2})^2 - \frac{1}{2} \times 4 \text{ kg} \times (0 \frac{m}{s^2})^2 = 200 \text{ J}$

À RETENIR   Remarquons que

$W = \Delta E_k$,

c'est-à-dire que le travail effectué par la force de freinage (W = 200 J) est égal à la variation de l'énergie cinétique du mobile (ΔE_k = 200 J).

C'est le principe du transfert d'énergie. Si le mobile possède 200 J grâce à sa vitesse, on devra fournir 200 J de travail par la force de freinage pour l'immobiliser.

RÉPONSE

a) W = 200 J

b) ΔE_k = 200 J

97. (Obj. 6.2) Un objet tombe en chute libre de la hauteur de 10 m du sol. Si sa masse est de 5 kg, quelle est son énergie cinétique quand il passe à 2 m du sol?

SOLUTION

Données : $h_1 = 10$ m

$h_2 = 2$ m

$m = 5$ kg

$v_i = 0$ m/s (l'objet tombe en chute libre)

Inconnue : $E_k = ?$

D'après les données, vous pouvez évaluer l'énergie potentielle et l'énergie totale de cet objet. Pour trouver l'énergie cinétique, vous appliquez donc la formule

$E_T = E_p + E_k$

d'où $E_k = E_T - E_p$.

1re étape

Calcul de l'énergie totale à 10 m du sol.

$E_T = E_p + E_k = m\,g\,h_1 + \frac{1}{2}\,m\,v_i^2 = 5$ kg $\times$ 9,8 m/s^2 $\times$ 10 m $+ \frac{1}{2} \times 5$ kg $\times 0$ m/s^2 $= 490$ J

2e étape

Calcul de l'énergie potentielle à 2 m du sol.

$E_p = m\,g\,h_2 = 5$ kg $\times$ 9,8 m/s^2 $\times$ 2 m $= 98$ J

Sachant que l'énergie totale a la même valeur ($E_T = 490$ J) à n'importe quel endroit, vous pouvez trouver l'énergie cinétique à 2 m du sol.

$E_k = 490$ J $- 98$ J $= 392$ J

RÉPONSE

$E_k = 392$ J

98. (Obj. 6.1 et 6.2) Lequel parmi les graphiques de la figure 75 représente :

a) **l'énergie potentielle gravitationnelle d'un corps en fonction de sa masse?**

b) **l'énergie cinétique d'un corps en fonction de sa masse?**

c) **l'énergie cinétique d'un corps en fonction de sa vitesse?**

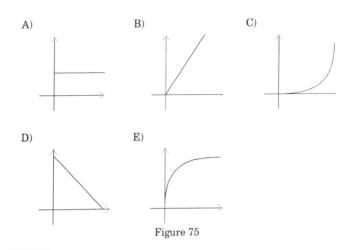

Figure 75

SOLUTION

La formule de l'énergie potentielle E_p = mgh décrit la relation de proportionnalité directe entre elle et la masse, donc un graphique de fonction affine directe. Le graphique est donc une partie d'une droite croissante passant par l'origine.

La formule de l'énergie cinétique $E_k = \frac{1}{2}$ mv^2 décrit le même type de relation entre elle et la masse. De cette même formule, vous pouvez constater que l'énergie cinétique est directement proportionnelle au carré de la vitesse de l'objet en mouvement. Le graphique énergie cinétique-vitesse est donc une partie de la parabole.

RÉPONSE

a) B)

b) B)

c) C)

99. [E](Obj. 6.2) **Vous réalisez une expérience en laboratoire sur l'énergie cinétique acquise par un chariot. Avec les données que vous avez recueillies, vous avez tracé le graphique de l'énergie cinétique du chariot en fonction du carré de sa vitesse.**

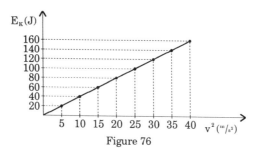

Figure 76

D'après ce graphique, quelle est la masse du chariot utilisé?

SOLUTION

Sur le graphique, vous pouvez lire les coordonnées d'un point, par exemple (25, 100), qui peuvent vous servir comme les données dans ce problème.

 Faites attention à la description des axes. Ici, sur l'axe horizontal on a marqué v^2 (vitesse au carré). Alors, vous avez $v^2 = 25$. D'où $v = 5$ $^m/_s$.

Données : $v^2 = 25$ $^{m^2}/_{s^2}$

$E_k = 100$ J

Inconnue : $m = ?$

Formule : $E_k = \frac{1}{2}\, m\, v^2$

En isolant la masse m dans cette formule, vous trouvez

$$m = \frac{E_k}{\frac{1}{2}v^2} = 2\,\frac{E_k}{v^2} = \frac{2 \times 100\,J}{25\,^{m^2}/_{s^2}} = 8 \text{ kg.}$$

REMARQUE • En appliquant cette formule, vous obtenez la masse m exprimée en kg. En effet,

$$\frac{1\,\text{J}}{1\,\text{m}^2/_{\text{s}^2}} = \frac{1\,^{\text{kg}\times\text{m}^2}/_{\text{s}^2}}{1\,\text{m}^2/_{\text{s}^2}} = 1\,^{\text{kg}\times\text{m}^2}/_{\text{s}^2} \times 1\,^{\text{m}^2}/_{\text{s}^2} = 1\,\text{kg}.$$

- Vous obtenez le même résultat en prenant les coordonnées de n'importe quel autre point sur le graphique.

RÉPONSE

m = 8 kg

100. ^{E}(Obj. 6.2) **Une personne de 60 kg, sur patins à roues alignées, se tient immobile au sommet d'une pente. Cette pente a une hauteur de 10 m et une longueur de 20 m. La personne se laisse descendre sur la pente sans exercer aucune poussée. L'ensemble des forces de frottement est de 100 N. Quelle est l'énergie cinétique acquise par la personne lorsqu'elle arrive au bas de la pente?**

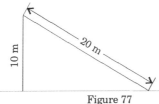

Figure 77

SOLUTION

Données : m = 60 kg

h = 10 m

Δs = 20 m

F_{fr} = 100 N

v_i = 0 $^{\text{m}}/_{\text{s}^2}$ (la personne se laisse descendre sans aucune poussée)

Inconnue : E_k = ?

D'après les données, vous pouvez trouver l'énergie totale au sommet de la pente et en bas.

En haut :

$E_T = E_k + E_p = \frac{1}{2}\,m\,v_i^2 + m\,g\,h = 0\,\text{J} + 60\,\text{kg} \times 9,8\,^{\text{m}}/_{\text{s}^2} \times 10\,\text{m} = 5880\,\text{J}$

En bas :

$E_T = E_k + E_p + E_{fr}$

 Lorsqu'il y a le frottement, une partie de l'énergie (E_{fr}) est transformée en chaleur. Cette énergie équivaut au travail effectué contre la force de frottement, c'est-à-dire

$E_{fr} = W = F_{fr} \times \Delta s$.

L'énergie totale étant la même en haut et en bas, vous obtenez

$E_k = E_T - E_p - E_{fr} = 5880 \text{ J} - 60 \text{ m} \times 9,8 \text{ }^m/_{s^2} \times 0 \text{ m} - 100 \text{ N} \times 20 \text{ m} = 5880 \text{ J} - 2000 \text{ J} = 3880 \text{ J}$.

RÉPONSE

$E_k = 3880$ J

 101. ^{E}(Obj. 6.2) Deux masses, l'une de 20 kg et l'autre de 40 kg, sont au repos sur une table horizontale sans frottement. On les déplace sur une même distance en exerçant sur chacune la même force nette constante. On calcule alors l'énergie cinétique acquise par chacune des masses et l'on pose le rapport suivant :

énergie cinétique de la masse de 20 kg
énergie cinétique de la masse de 40 kg

Quelle est la valeur de ce rapport?

A) $\frac{1}{1}$

B) $\frac{1}{4}$

C) $\frac{1}{2}$

D) $\frac{2}{1}$

SOLUTION

Vous savez que le travail effectué par cette force nette ($W = F \Delta s$) est la variation de l'énergie de la masse, ici de l'énergie cinétique car l'énergie potentielle ne change pas (les masses sont déplacées sur une table horizontale).

Les masses étant initialement au repos, l'énergie cinétique finale est égale à la variation de l'énergie cinétique.

Alors

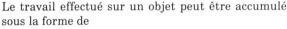

$$\frac{\text{énergie cinétique de la masse de 20 kg}}{\text{énergie cinétique de la masse de 40 kg}} = \frac{F\Delta s}{F\Delta s} = 1$$

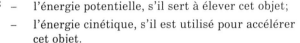

REMARQUE

Le travail effectué sur un objet peut être accumulé sous la forme de

– l'énergie potentielle, s'il sert à élever cet objet;

– l'énergie cinétique, s'il est utilisé pour accélérer cet objet.

L'énergie et le travail sont donc les mêmes notions, et par conséquent ils ont les mêmes unités, soit Joules (J).

RÉPONSE

A)

102. ^{E}(Obj. 6.2 et 6.3) **La masse totale d'un vaisseau spatial est de 2000 kg. Ce vaisseau se déplace à une altitude de 100 m au-dessus de la surface de la Lune à une vitesse constante de 30 $\frac{m}{s}$. L'accélération gravitationnelle sur la Lune est de 1,62 $\frac{m}{s^2}$. Quelle est, par rapport à la surface lunaire, l'énergie mécanique totale du vaisseau?**

1. $3,24 \times 10^5$ J
2. $3,54 \times 10^5$ J
3. 9×10^5 J
4. $1,22 \times 10^6$ J

SOLUTION

Données : $m = 2000$ kg

$h = 100$ m

$v = 30 \frac{m}{s}$

$g_L = 1,62 \frac{m}{s^2}$.

Inconnue : E_T

Formule : $E_T = E_k + E_p$

Calcul :

$E_T = E_p + E_k = m\ g_L\ h + \frac{1}{2}\ m\ v^2$

$= 2000\ kg \times 1,62\ \frac{m}{s^2} \times 100\ m + \frac{1}{2} \times 2000\ kg \times (30\ \frac{m}{s})^2 =$

$1244000\ J = 1,22 \times 10^6\ J$

RÉPONSE

D)

103. [E](Obj. 6.3) **Le schéma ci-dessous illustre le mouvement régulier d'un pendule d'horloge qui oscille, sans frottement, entre les points 1 et 2.**

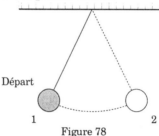

Figure 78

Parmi les graphiques ci-dessous, lequel représente l'énergie totale E_m du pendule en fonction de sa position horizontale?

A)

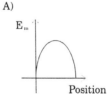

B)

C)

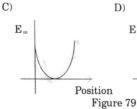

D)

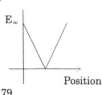

Figure 79

SOLUTION

Loi de la conservation de l'énergie

L'énergie ne se crée pas, ne se perd pas, elle se transforme. La quantité totale d'énergie contenue dans l'univers demeure constante.

Le pendule est un très bon exemple illustrant la transformation continuelle d'énergie. En haut (les positions 1 et 2) la vitesse étant nulle, l'énergie totale n'est que de l'énergie potentielle (à cause de la hauteur). En bas (au centre) l'énergie totale a la même valeur. La hauteur étant minimale, l'énergie potentielle est minimale, alors l'énergie cinétique atteint une valeur maximale et par conséquent, la vitesse atteint une valeur maximale. Entre les deux positions, l'énergie potentielle se transforme en énergie cinétique et inversement.

RÉPONSE

C)

104. (Obj. 6.3) Un chariot de montagnes russes d'une masse de 80 kg roule suivant un chemin de A à B comme le montre le dessin ci-dessous.

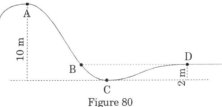

Figure 80

Il passe par le point A avec une vitesse de 6 $^m/_s$. On néglige tout frottement.

a) Quelle est l'énergie totale au point A?
b) Quelle est l'énergie totale au point B?
c) Quelle sera sa vitesse lorsqu'il atteindra le point C?
d) En supposant que le chariot roule suivant le chemin de D à A, quelle doit être la vitesse minimale au point D pour que le chariot puisse dépasser le point A?

SOLUTION

Pour les questions a), b) et c), vous avez les données :

$m = 80$ kg

$v_A = 6$ $^m/_s$

$h_A = 10$ m

$h_C = 0$ m

a) L'énergie totale au point A est :

$E_T{}^A = E_p{}^A + E_k{}^A = 80$ kg $\times 9,8$ $^m/_{s^2}$ $\times 10$ m $+ \frac{1}{2} \times 80$ kg $\times$ $(6$ $^m/_s$ $)^2 = 9280$ J

b) D'après la loi de la conservation d'énergie, l'énergie totale a la même valeur dans n'importe quel endroit. Alors

$E_T{}^B = E_T{}^A = 9280$ J.

c) L'énergie potentielle en C étant nulle (la hauteur $h_C = 0$ m), toute l'énergie totale n'est que de l'énergie cinétique. Vous avez alors

$E_T{}^C = E_p{}^C + E_k{}^C = 0$ J $+ \frac{1}{2}$ m $v_C{}^2 = 9280$ J.

D'où

$v_C = 15,2$ $^m/_s$.

d) L'énergie totale minimale pour se rendre à A (avec une vitesse finale de 0 $^m/_s$) correspond à $E_p{}^A$ seulement. Pour résoudre ce problème, vous avez donc les données :

$m = 80$ kg

$h_A = 10$ m

$h_D = 2$ m

$E_k{}^A = 0$ J

Inconnue : $v_D = ?$

Calculez d'abord l'énergie totale en A à condition que l'énergie cinétique en A soit nulle.

$E_T{}^A = 0$ J $+ 80$ kg $\times 9,8$ $^m/_{s^2}$ $\times 10$ m $= 7848$ J

Calculez maintenant l'énergie totale en D.

$E_T{}^D = E_p{}^D + E_k{}^D = $ m g $h_D + \frac{1}{2}$ m $v_D{}^2 = 80$ kg $\times 9,8$ $^m/_{s^2}$ $\times$ 2 m $+ \frac{1}{2} \times 80$ kg $\times v_D{}^2 = 1568$ J $+ 40$ kg $\times v_D{}^2$

Par la loi de conservation de l'énergie, vous obtenez

1568 J $+ 40$ kg $\times v_D{}^2 = 7848$ J.

D'où $v_D = 12,5$ $^m/_{s^2}$.

RÉPONSE

a) $E_T{}^A = 9280$ J

b) $E_T{}^B = 9280$ J

c) $v_C = 15,2$ $^m\!/_s$

d) $v_D = 12,5$ $^m\!/_s$

105. (Obj. 6.3) Une boule de masse de 0,5 kg part du repos du sommet d'un plan incliné d'une hauteur de 2 m et atteint en B sa vitesse de 4 $^m\!/_s$.

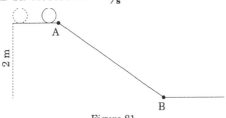

Figure 81

a) Quelle est la perte d'énergie potentielle de la boule de A à B?

b) Quel est le gain d'énergie cinétique de la boule de A à B?

c) Comment pouvez-vous expliquer la différence entre les valeurs obtenues en a et en b?

SOLUTION

Données :   m = 0,5 kg

$h_A = 2$ m

$h_B = 0$ m

$v_A = 0$ $^m\!/_s$ (la boule part du repos)

$v_B = 4$ $^m\!/_s$

a)   Inconnue : $\Delta E_p = ?$

Calcul :

$E_p{}^A = m\ g\ h_A = 0,5$ kg $\times 9,8$ $^m\!/_{s^2}$ $\times 2$ m $= 9,8$ J

$E_p{}^B = 0$ J

Alors

$\Delta E_p = E_p{}^A - E_p{}^B = 9,8$ J $- 0$ J $= 9,8$ J.

b)   Inconnue : $\Delta E_k = ?$

Calcul :

$E_k^A = 0$ et $E_k^B = \frac{1}{2}$ m $v_B^2 = \frac{1}{2} \times 0.5$ kg $\times (4 \; ^m\!/_s)^2 = 4$ J

Alors $\Delta E_k = E_k^B - E_k^A = 4$ J $- 0$ J $= 4$ J.

c) La différence entre ces deux énergies est causée par la présence des forces de frottement qui font perdre 5,8 J d'énergie le long du plan incliné.

RÉPONSE

a) $\Delta E_p = 9.8$ J

b) $\Delta E_k = 4$ J

c) Voir la solution

106. (Obj. 6.4) Une boule d'une masse de 0,2 kg se déplace avec une vitesse de 6 $^m\!/_s$ et frappe l'autre boule de la même masse initialement au repos. Après la collision, elles restent accolées et se déplacent avec une vitesse de 2 $^m\!/_s$. Calculez l'énergie dissipée en chaleur lors de cette collision.

SOLUTION

Données : $\quad$ $m_1 = m_2 = 0.2$ kg

$\qquad\qquad$ $v_1 = 6 \; ^m\!/_s$

$\qquad\qquad$ $v_2 = 0 \; ^m\!/_s$

$\qquad\qquad$ $v' = v_1{}' = v_2{}' = 2 \; ^m\!/_s$

Inconnue : $\quad$ $E_{fr} = ?$

 Lorsqu'il y a le frottement (c'est le cas ici lors de la collision), le travail fait pour vaincre le frottement (E_{fr}) se transforme en chaleur.

L'énergie totale avant la collision sur la boule 1 n'est que de l'énergie cinétique, soit

$E_{k1} = \frac{1}{2}$ m $v_1^2 = \frac{1}{2} \times 0.2$ kg $\times (6 \; ^m\!/_s)^2 = 3.6$ J,

et celle sur la boule 2 est nulle (la boule est initialement au repos). L'énergie totale du système de deux boules avant la collision est donc

$E_T = 3,6$ J.

L'énergie totale du système après la collision est

$E_T' = E_{k1-2} + E_{fr} = \frac{1}{2} \times (2 \times 0,2$ kg$) \times (2$ m/s$)^2 + E_{fr} = 0,8$ J $+ E_{fr}$.

D'après la loi de conservation de l'énergie, vous obtenez

$0,8$ J $+ E_{fr} = 3,6$ J

d'où $E_{fr} = 3,6$ J $- 0,9$ J $= 2,85$ J.

RÉPONSE

$E_{fr} = 2,8$ J

107. [E](Obj. 6.4) **Un objet a une masse de 100 kg. À l'aide d'un treuil, vous le soulevez d'une hauteur de 4 m.**

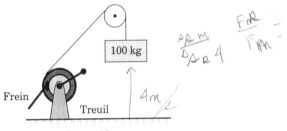

Figure 82

Une fois l'objet soulevé, vous appliquez le frein. Comme ce frein n'exerce qu'une force de 780 N, celui-ci arrive à glisser et alors l'objet redescend en touchant le sol à une vitesse de 4 m/s. L'énergie potentielle gravitationnelle accumulée est dépensée sous forme d'énergie cinétique et d'énergie thermique à cause de la force de frottement du frein. Quelle est l'énergie thermique dissipée par le frein?

A) **200 J**

B) **800 J**

C) **3120 J**

D) **3920 J**

SOLUTION

Données : m = 100 kg

h = 4 m

$$F = 780 \text{ N}$$
$$v_f = 4 \text{ m/s}$$

Inconnue : $E_{fr} = ?$

L'énergie totale avant l'action de glisser n'est que de l'énergie potentielle de la masse de 100 kg à une hauteur de 4 m.

$E_T^{avant} = E_p^{avant} + E_k^{avant} = m\,g\,h + 0 \text{ J} = 100 \text{ kg} \times 9{,}8 \text{ m/s}^2 \times$ 4 m $= 3920 \text{ J}$

L'énergie totale au moment où l'objet touche le sol est

$E_T^{après} = E_p^{après} + E_k^{après} + E_{fr} = 0 \text{ J} + \frac{1}{2} \times m \times v^2 = \frac{1}{2} \times 100$ kg $\times (4 \text{ m/s})^2 + E_{fr} = 800 \text{ J} + E_{fr}.$

L'énergie perdue en chaleur (l'énergie thermique dissipée par le frein) est donc

$E_{fr} = 3920 \text{ J} - 800 \text{ J} = 3120 \text{ J}$

RÉPONSE

C)

SECTION A

1. Une source ponctuelle éclaire un objet placé devant un écran vertical.

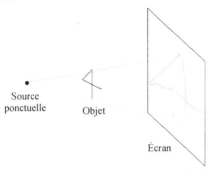

Lequel des schémas ci-dessous représente le mieux, toutes proportions gardées, l'ombre de cet objet?

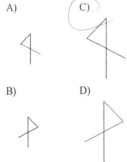

A)

B)

C)

D)

---

* Les questions de cet examen proviennent de l'examen de fin d'études secondaires du ministère de l'Éducation (juin 1997).

2. Un pinceau lumineux, issu d'une boîte à rayons, rencontre une surface lisse réfléchissante.

Le schéma ci-dessous illustre la situation.

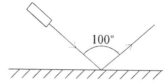

Quelle est la valeur de l'angle d'incidence de ce pinceau lumineux?

A) 40°

B) 50°

C) 80°

D) 100°

3. Un objet O est placé devant un miroir sphérique concave. Quatre rayons lumineux issus de l'extrémité supérieure de l'objet rencontrent le miroir, comme le schéma ci-dessous l'illustre.

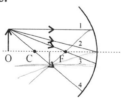

Parmi les affirmations suivantes, laquelle est vraie?

A) Le rayon 1 est réfléchi vers le foyer principal F du miroir.

B) Le rayon 2 est réfléchi sur lui-même.

C) Le rayon 3 est réfléchi vers le centre de courbure C du miroir.

D) Le rayon 4 est réfléchi parallèlement à l'axe principal du miroir.

4. Les schémas ci-dessous illustrent des rayons lumineux qui passent de l'air à des milieux transparents différents sous un même angle d'incidence.

Quel schéma illustre le rayon qui pénètre dans le milieu le plus réfringent?

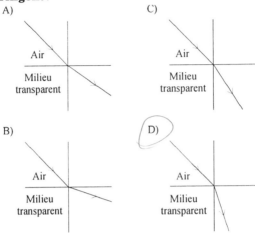

A)

Air

Milieu transparent

C)

Air

Milieu transparent

B)

Air

Milieu transparent

D)

Air

Milieu transparent

5. Le schéma ci-dessous illustre une anomalie de l'œil.

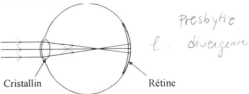

Presbytie
l. divergente

Cristallin   Rétine

Pour corriger cette anomalie, on utilise généralement une lentille correctrice.

Parmi les lentilles illustrées ci-dessous, laquelle serait la plus appropriée?

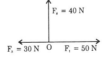

$F_a = 40$ N

$F_b = 30$ N   O $F_c = 50$ N

Échelle : 1 cm = 10 N

6. Une personne aperçoit l'image d'un drapeau formée par un miroir plan.

Sur lequel des schémas ci-dessous le drapeau est-il correctement positionné?

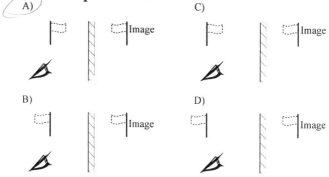

7. Un pinceau lumineux provenant d'un projecteur placé au fond d'une piscine rencontre la surface de l'eau, comme le schéma ci-dessous l'illustre.

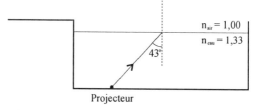

Quelle est la valeur de l'angle de réfraction de ce pinceau lumineux?

A) 30,8°

B) 33,4°

C) 65,1°

D) 76,6°

$$\frac{\sin 43°}{\sin \theta} \quad \frac{1,00}{1,33}$$

8. Un système de lentilles accolées se compose des lentilles suivantes :

– une lentille dont la longueur focale est de **25 cm;** $0,25\,m$

– une lentille dont la longueur focale est de **– 50 cm.** $-0,5\,m$

Quelle est la vergence de ce système?

A) 0,02 dioptrie

B) 0,06 dioptrie

C) 2,00 dioptries

D) 6,00 dioptries

9. Deux personnes immobiles, Sophie et Marc, entendent le son de la sirène d'un véhicule prioritaire qui se déplace à vitesse constante.

Sophie

Marc

Sens du déplacement
du vehicule

Quelle affirmation ci-dessous est vraie?

A) Sophie entend un son plus aigu que celui qu'entend le conducteur du véhicule.

B) Sophie entend un son plus grave que celui qu'entend Marc.

C) Sophie entend un son aussi aigu que celui qu'entend le conducteur de véhicule.

D) Marc entend un son plus grave que celui qu'entend le conducteur du véhicule.

10. Un corps tombe en chute libre.

Parmi les graphiques ci-dessous, lequel représente la grandeur de l'accélération de ce corps en fonction du temps? (Négligez la résistance de l'air.)

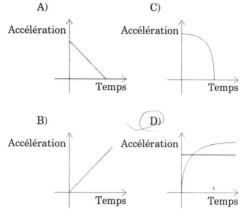

11. Claude, assis sur un banc public, voit passer devant lui une cycliste se déplaçant en ligne droite à vitesse constante. Il observe la forme de la trajectoire décrite par le réflecteur fixé sur la roue avant.

Quelle est la forme de la trajectoire observée par Claude?

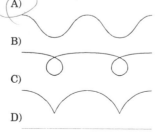

12. Le graphique ci-dessous représente la position d'un chariot en fonction du temps.

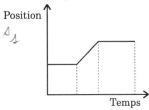

D'après ce graphique, quelle affirmation ci-dessous décrit correctement le mouvement de ce chariot?

A) Le chariot se déplace d'abord à vitesse constante, augmente ensuite sa vitesse, puis s'arrête.

B) Le chariot roule d'abord sur une surface horizontale, monte ensuite un plan incliné, puis s'arrête.

C) Le chariot est d'abord immobile, accélère ensuite uniformément, puis s'arrête.

D) Le chariot est d'abord immobile, se déplace ensuite à vitesse constante, puis s'arrête.

13. On fait glisser un meuble sur un plancher horizontal.

Quels facteurs ci-dessous influencent la force de frottement entre le meuble et le plancher?

1. Le poids du meuble

2. La nature des surfaces de contact

3. L'aire de contact.

A) 1 et 2 seulement

B) 1 et 3 seulement

C) 2 et 3 seulement

D) 1, 2 et 3

14. Une tige métallique est ancrée dans un mur vertical. L'extrémité libre de la tige s'abaisse de 1,0 cm lorsqu'on y suspend une masse de 10 kg. Cette extrémité revient à sa position initiale lorsqu'on enlève la masse.

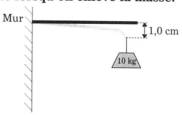

Quelle est la constante de rappel de ce système?

A) $10 \, \text{N/m}$

B) $98 \, \text{N/m}$

C) $1000 \, \text{N/m}$

D) $9800 \, \text{N/m}$

$F = k\ell$

15. Trois forces concourantes sont appliquées sur un objet O. Ces forces sont représentées par des vecteurs sur la figure suivante.

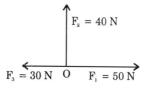

Échelle : 1 cm = 10 N

Quelle est la force résultante de ce système?

A) 44,7 N à 63°

B) 44,7 N à 243°

C) 120 N à 63°

D) 120 N à 243°

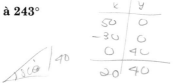

k	y
50	0
-30	0
0	40
20	40

$\sin \theta = \dfrac{40}{44,7}$

16. Le graphique ci-dessous représente la vitesse d'une automobile en fonction du temps.

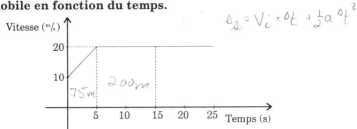

$\Delta_s = V_i \times \Delta t + \frac{1}{2} a \Delta t^2$

D'après ce graphique, quelle distance l'automobile a-t-elle parcourue durant les 15 premières secondes?

A) 150 m

B) 250 m

C) 275 m

D) 300 m

17. Voici les tâches accomplies par quatre machines différentes.

–   La machine 1 a soulevé une masse de 1000 kg d'une hauteur de 10 m en 2 minutes.   *120 W*

–   La machine 2 a soulevé une masse de 1000 kg d'une hauteur de 10 m en 10 minutes.   *16,7 W*

–   La machine 3 a soulevé une masse de 500 kg d'une hauteur de 10 m en 2 minutes.   *41,7 W*

–   La machine 4 a soulevé une masse de 500 kg d'une hauteur de 10 m en 10 minutes.   *8,33*

Lauelle de ces quatre machines est la plus puissante?

A) La machine 1

B) La machine 2

C) La machine 3

D) La machine 4

18. Julie conduit une automobile de 1200 kg à une vitesse de 90 $\frac{km}{h}$. Soudain, elle applique les freins et l'automobile s'immobilise. Les forces impliquées durant le freinage sont de 2400 N.

Quelle est la distance d'arrêt de cette automobile?

A) 6,25 m

B) 12,5 m

C) 156 m

D) 313 m

$$\Delta_d = ?$$

$$V_i = 90 \, km/h = 25 \, m/s$$

$$F = ma$$

$$2400 N = 1200 \, a$$

$$a = 2 \, m/s^2$$

$$Vf^2 = V_i^2 + 2a \Delta_d$$

$$\frac{-(25)^2}{2 \times 2} = \Delta_d = -6,25 \, m$$

SECTION B

19. Un miroir plan est installé verticalement dans le coin d'une pièce. Simon et Line jouent aux cartes dans cette pièce.

Le schéma ci-dessous illustre la situation.

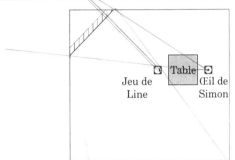

D'après ce schéma, est-ce que Simon peut voir le jeu de Line en utilisant le miroir?

Expliquez votre résultat en traçant correctement tous les rayons lumineux qui permettent de délimiter le champ de vision de Simon.

20. Le schéma ci-dessous illustre un objet ainsi que son image formée par un miroir concave.

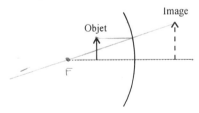

Sur le schéma reproduit dans votre cahier de réponses, déterminez la position du foyer principal de ce miroir en traçant les rayons lumineux appropriés.

Laissez les traces de votre démarche.

21. Un poisson aperçoit un insecte patineur à la surface calme d'un lac. Un des rayons lumineux permettant au poisson de voir l'insecte est illustré ci-dessous.

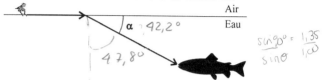

L'indice de réfraction de l'eau de ce lac est de 1,35 et celui de l'air est de 1,00.

Quelle est la valeur de l'angle formé par le rayon lumineux réfracté et la surface du lac?

Laissez les traces de votre démarche.

22. Vous voulez projeter l'image d'un objet sur un écran vertical à l'aide d'une lentille convergente dont la longueur focale est de 50 cm. L'image doit être 4 fois plus grande que l'objet.

À quelle distance de l'objet devez-vous placer la lentille?

Laissez les traces de votre démarche.

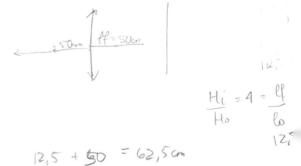

SECTION C

23. Un chariot dont la masse est de 40 kg est au repos sur une surface horizontale. Pour faire accélérer ce chariot, vous appliquez sur son manchon une force horizontale de 50 N. Les forces de frottement qui s'opposent au mouvement sont de 20 N.

$$\frac{50-20}{40} = 0{,}75 \, m/s^2$$

Quelle est la grandeur de L'accélération de ce chariot?

Laissez les traces de votre démarche.

$E_p = 60 \times 9{,}8 \times 20$

$\ominus \ E_k = \frac{1}{2} \times 60 \times (8{,}0)^2$

24. Une glissoire d'eau a une hauteur de 20 m. Une personne dont la masse est de 60 kg se laisse descendre du haut de cette glissoire et arrive au bas à une vitesse de 8,0 $\frac{m}{s}$. Durant la descente, une quantité d'énergie mécanique est perdue.

Quelle quantité d'énergie mécanique est perdue?

Laissez les traces de votre démarche.

25. Un gymnaste de 75 kg s'est suspendu à une barre fixe horizontale de deux façons, comme les illustrations ci-dessous l'indiquent.

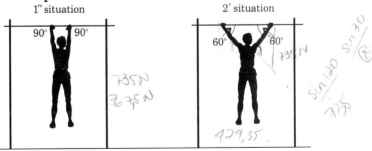

Dans quelle situation le gymnaste a-t-il déployé la plus grande force?

Justifiez votre résultat en calculant la grandeur de la force déployée par chaque bras dans chacune des situations.

26. Une masse de 100 kg est montée lentement à vitesse constante dans la boîte d'un camion, à l'aide d'un plan incliné.

Cette situation est illustrée ci-dessous.

2,2 m

1 m

600 N

1 m

2 m

600 N × 2,2 m = r. 1320 N

Une force parallèle au plan de 600 N est nécessaire pour accomplir ce travail.

Avec quel rendement, en pourcentage, ce travail a-t-il été accompli?

Laissez les traces de votre démarche.

7 4 %

27. Sur la terre, un astronaute pèse 1176 N avec son équipement. En arrivant sur une autre planète où l'accélération gravitationnelle est de 3,3 $\frac{m}{s^2}$, cet astronaute se laisse tomber de son vaisseau d'une hauteur de 0,60 m et touche le sol de cette planète.

À quelle vitesse l'astronaute touche-t-il le sol de cette planète?

Laissez les traces de votre démarche.

$a = 3,3\ m/s^2$ $\qquad$ $V_i = 0\ m/s^2$

$\Delta = 0,60\ m$

$Vf = ?$

$Vf^2 = V_i + 2a \cdot \Delta$

SECTION A

1. C	2. B	3. A	4. D
5. B	6. A	7. C	8. C
9. B	10. D	11. A	12. D
13. A	14. D	15. A	16. C
17. A	18. C		

SECTION B

19. Simon ne peut pas voir le jeu de Line, car l'image de ce jeu se trouve à l'intérieur du champ de vision de Simon (voir la figure ci-dessous).

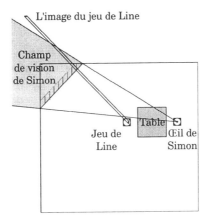

20. Vous trouverez la démarche détaillée ainsi que les deux méthodes de résolution de ce problème dans la solution du problème 24 du module I.

21. En appliquant la loi de la réfraction et la définition de l'angle critique, vous avez

$$\sin r = \frac{n_{air}}{n_{eau}} = \frac{1}{1,35} = 0,7407$$

d'où r = 47,8°.

Alors :

$\sigma = 90° - 47,8° = 42,2°.$

22. Données :   G = 4

l_f = 50 cm = 0,5 m

Inconnue : d_o = ?

Formule : $G = \dfrac{l_f}{l_o}$ où $l_o = d_o - l_f$

De la formule ci-dessus, vous avez :

$4 = \dfrac{0,5}{l_o}$, d'où l_o = 0,125 m.

De la formule pour la distance objet-foyer :

0,125 = d_o – 0,5, donc

d_o = 0,625 m.

SECTION C

23. Données :   m = 40 kg

F_{appl} = 50 N

F_{fr} = 20 N

Inconnue :   a = ?

Formule : $F_{result} = F_{appl} - F_{fr} = m\,a$

De cette formule, vous avez :

50 N – 20 N = 40 kg a

30 N = 40 kg a

d'où a = $\dfrac{30\,N}{40\,kg}$ = 0,75 $\dfrac{m}{s^2}$.

24. Données :　　m = 60 kg

　　　　　　　　h = 20 m

　　　　　　　　$v_i = 0$

　　　　　　　　$v_f = 8$

　　　Inconnue :　$\Delta E = ?$

　　　Formule :　　$\Delta E = E_T^1 - E_T^2$, où

E_T^1 est l'énergie mécanique totale d'une personne au point le plus haut

E_T^2 est l'énergie mécanique totale d'une personne en bas.

Vous avez :

$$\Delta E = E_T^1 - E_T^2 = \left(60\,kg \times 9{,}8\,^m/_{s^2} \times 20\,m - \frac{60\,kg \times \left(8\,^m/_s\right)^2}{2} \right) = 9840\,J .$$

Remarquez qu'en haut $E_T^1 = E_p$ parce que $v_i = 0$, tandis qu'en bas $E_T^2 = E_k$ parce que h = 0.

25. Dans la situation illustrée sur la figure de gauche, le poids du gymnaste, soit $w = m\,g = 75$ kg $\times 9{,}81\,^m/_{s^2} = 735{,}75$ N est décomposé en deux forces identiques parallèles au poids, donc :

$F = \frac{1}{2}w = 367{,}875$ N.

La grandeur de la force déployée par chaque bras est donc 377,875 N.

Dans la deuxième situation, le poids du gymnaste est décomposé en deux forces de même grandeur formant un angle de 60 avec l'horizontale.

Vous avez donc :

$\frac{1}{2}w = F \times \sin 60°$

d'où

$$F = \frac{\frac{1}{2}w}{\sin 60°} = \frac{377{,}875\,N}{0{,}8660} = 436{,}322\,N .$$

26. Données :　　h = 1m

　　　　　　　　$l = \sqrt{1^2 + 2^2}$ m = 2,2 m

　　　　　　　　F = 600 N

　　　　　　　　m = 100 kg

Inconnue : Rendement [%] = ?

Formule : Rendement [%] = $\dfrac{\text{énergie rendue}}{\text{énergie consommée}} \times 100\,\%$

D'après cette formule, vous avez :

Rendement [%] $= \dfrac{F_g \times h}{F \times l} \times 100\,\% = \dfrac{100\,\text{kg} \times 9{,}8\,\text{m}/\text{s}^2 \times 1\,\text{m}}{600\,\text{N} \times 2{,}2\,\text{m}} \times 100\,\%$

$= 74\,\%$

27. Données : $F_g = 1176\,\text{N}$
$a_p = 3{,}3\,\text{m}/\text{s}^2$
$h = 0{,}6\,\text{m}$
$v_i = 0\,\text{m}/\text{s}$

Inconnue : $v_f = ?$

Formule : $v_f{}^2 - v_i = 2a_p$

De cette formule, vous avez :

$v_f{}^2 - \left(0\,\text{m}/\text{s}\right)^2 = 2 \times 3{,}3\,\text{m}/\text{s}^2 \times 0{,}6\,\text{m}$,

d'où $v_f{}^2 = 7{,}92\,\text{m}^2/\text{s}^2$.

Alors $v_f = 2{,}8\,\text{m}/\text{s}$.